わずか5分で
成果を上げる

実務直結の
Excel術

<small>ビジネス・エクセラー</small>
奥谷隆一

インプレス

「本書を読む前に」

※本書は、Windows 8.1、および Excel 2013 がインストールされたパソコンを
　もとに解説しています。

※本書は、2015 年 2 月現在の情報をもとに制作しています。OS やソフトウェ
　アなどは、将来的に内容が変更される可能性があります。

※本書に掲載されている操作によって生じた損害や損失については、著者および
　株式会社インプレスは一切の責任を負いません。あらかじめご了承ください。

※本書で紹介している製品名およびサービス名は、一般に各メーカーおよびサー
　ビス提供元の商標および登録商標です。なお、本文中には ™ マークおよび ®
　マークは明記していません。

はじめに

　先日、あるテレビ番組の中で、「日本人の英語の勉強方法は間違っている」という話をしていました。単語や文法を一生懸命覚えて、長文を一つひとつ読み解く練習を何度も繰返す勉強方法では、ネイティブの英語を聴いて理解することも、こちらの言いたいことを英語で伝えることもできない、という内容でした。

　最近は少しずつ見なおされてきているようですが、私の学生時代はまさにそういったカリキュラムでした。おかげさまで、成績自体はそう悪くはなかったにもかかわらず、恥ずかしながら、まったくビジネスで通用しないレベルの英語力しか身につきませんでした。

　ビジネスの世界で使う英語は、多少単語がわからなくても、文脈から全体の意味を理解し、多少文法が間違っていても、スピーディーに、言いたいポイントを的確に伝えられることが要求されます。もう少しゴール（ここでは、会議でのディスカッションやプレゼンテーション、英文メールでのやりとりなど、ビジネスシーンで活用できる英語）を意識したカリキュラムを採り入れるべきなのでしょう。

Excel にもまったく同じことがあてはまります。

　Excel の学習は多くの場合、初級編として、簡単な表を作成してSUM 関数や AVERAGE 関数を習い、コピペと並べ替え、グラフ作成方法、ファイルの保存方法などを習います。次に、オートフィルタ、印刷のしかた、ショートカットキー、各種関数を習い、上級編としてピボットテーブルとマクロを習う、といった感じです。

「わかりやすい」と言われている書籍であっても、パソコンスクールであっても、概ねこの順番で解説されています。まさに Excel の"お勉強"のための網羅的カリキュラムになっているのです。

　結果はどうでしょうか。

　今や、あらゆる領域のビジネスの現場において、Excel は必須のツールとなっています。どんな業種・業態に携わるビジネスパーソンであっても、Excel を知らない人はいないと言っても過言ではないほどです。ところが、このような状況であるにもかかわらず、Excel を本当に自身の仕事に活用できている人は多くありません。

　ここでも、ゴールを意識した勉強方法を最初から採り入れるべきだと思います。私たちのゴールは、Excel のプロフェッショナルになることでもなければ、細かい機能に詳しい先生になることでもありません。**「自分の業務を効率的に進めること」**です。

　Excel は単なる入力ツールではなく、本来は業務を効率化するためのツールであるはずです。本書ではこの原点に立ち返り、半日かかっていた仕事が5分で終わるような**「実務直結型」**の機能や使い方をたくさん紹介しています。また、単なるテクニックに留まらず、デスクワークのプロセス全体を効率化するための視点や考え方を提示し、それを Excel 業務に落とし込んで、実務で効果的に活用するための方法をガイドしています。

　私自身の経験はもちろんのこと、セミナー、個別指導などで直接いただく質問や情報、運営するブログやメルマガを通じていただくご意見なども加味していますので、日頃仕事で Excel を使ってはいるものの、いまいち活かし切れていないと感じておられるような方に、まさに最適

な内容になっていると思っています。

　本書に出てくる参照図の主なもの（ ⬇ダウンロード マークが付いている）については、インターネットからダウンロードしていただけます。本書で解説している機能をお試しいただく際にご活用ください。私のブログ「The Road to EXCELER　～エクセラーへの道～」（ http://ameblo.jp/exceler/ ）のサイドバーからダウンロードしてください。
（ファイルを開く際のパスワード：V54Look3U2123p）

　また、本書で重要な位置付けとなる「VLOOKUP関数」については、以前販売して好評をいただいた動画教材「転記撲滅！ VLOOKUP関数パーフェクトマスター」を、本書をご購入いただいた方限定で無料プレゼントします。VLOOKUP関数に特化して90分以上解説している教材は他にありません。本書のサブテキストとしてご活用ください。ご希望の方はこちらのURLからダウンロードしていただければと思います。
http://www.toushint.com/web/vlwkxuypzv/

（あらゆる事情により、ダウンロード提供を終了する場合もありますのでご了承ください）

　みなさまのExcel業務の効率化に、本書が少しでもお役に立てば幸いです。

奥谷　隆一

目次

はじめに 003

*1*章
Excelをうまく使えば
半日仕事がわずか5分

1 スピード優先社会に対応するには
常に効率を意識することが大切 014

2 Excelを本当に活用するためには
使い方を工夫することが必要 017

3 あなたは5分で終わる仕事に
半日かけているかも知れない 020

*2*章
Excelを「効率化4原則」に
あてはめて考えよう

1 ビジネスシーンでのExcel活用ポイントを
普遍の「原則」から考えよう 024

2 ECRSを具体例で
理解しよう ………………………………………… 027

3 「ECRSの原則」を
Excel業務に応用する ……………………………… 036

3章
効率化にもっとも重要な
「VLOOKUP関数」をマスターして
「転記」を撲滅しよう

1 VLOOKUP関数は
あらゆる業務に有効 ………………………………… 040

2 VLOOKUP関数とは
どんな関数か ………………………………………… 041

3 VLOOKUP関数の
基本的な使い方 ……………………………………… 044

4 VLOOKUP関数の
ありがちなミスと対処法 …………………………… 050

5 検索条件を工夫して
複雑な転記業務もスッキリ自動化 ………………… 063

*4*章
最強関数ベスト5と組み合わせて さらに効率アップ
～ COLUMN、INDIRECT、MATCH、IF、OFFSET ～

1 VLOOKUP関数と他の関数を
組み合わせてさらに効率アップ ················· 080

2 COLUMN関数と組み合わせて
大量データもラクラク自動転記 ················· 081

3 INDIRECT関数と組み合わせて
複数の参照表から自動転記 ················· 086

4 MATCH関数と組み合わせて
縦と横のマトリクス表から自動転記 ················· 089

5 INDIRECT関数とMATCH関数を
組み合わせることもできる ················· 092

6 IF関数と組み合わせて
#N/Aエラーを回避 ················· 095

7 OFFSET関数と組み合わせて
参照表を自動的に拡大 ················· 099

5章
ここで差がつく自動集約術
～ CSVファイルを駆使して、バラバラのファイルを1つにまとめる～

1 Excelはバラバラのファイルを
1つにまとめるのが苦手 ······ 106

2 バラバラのファイルの自動転記で
活躍するのは「＝（イコール）」 ······ 107

3 バラバラのファイルの自動転記は
3ステップ ······ 110

4 営業所ごとの売上、利益データを集めて
1つのファイルに集約してみよう ······ 118

6章
無駄な作業をどんどん削除して
もっと業務を効率化しよう
～マクロ、ゴールシーク、クリップボード～

1 【E（削除）】自動化とやり方の工夫で
不毛な作業を無くそう ······ 128

2 繰返し作業を削除する
「マクロ」の基本をマスターしよう ······ 129

3 計算機を使う時間を
丸ごと削除できる「ゴールシーク」 ………………… 149

4 よく使う「コピペ」の
手間を削除 ……………………………………………… 155

7章
複数の目的を1度で済ませる
「合わせ技」でスピードアップ
〜ピボットテーブル、条件付き書式、オートフィル〜

1 【C（結合）】キーワードは「パッケージ化」
複数機能を1つにまとめたお得な機能を使いこなす … 162

2 集計、分析機能をパッケージ化した
「ピボットテーブル」の基本をおさえよう ………………… 163

3 書式設定と計算式をパッケージ化した
「条件付き書式」で見やすい表を一瞬で作成する …… 194

4 計算式とコピペをパッケージ化した
「オートフィル」で連続データを高速入力 ……………… 202

8章 「ちょっとしたこと」でも効果てき面 今すぐできる即効ワザ

〜シナリオ、入力規則、オートフィルタ、ショートカットキー〜

1. 【R（置換）】現状のやり方にとらわれず より効率的な方法に置き換える ……… 208
2. 似たようなファイルをいくつも作成していた作業を 「シナリオ」機能で置き換える ……… 209
3. 「入力規則」を使って 入力ミスが起きにくい方法に置き換える ……… 216
4. 「形式を選択して貼り付け」機能で セルの場所変更をコピペに置き換える ……… 221
5. 【S（簡素化）】あらゆる操作を 簡素化する ……… 227
6. 「オートフィルタ」を活用して "データ探し"を簡素化 ……… 228
7. ショートカットキーを覚えて マウス操作を簡素化 ……… 232
8. よく使うボタンを登録して 機能の呼び出しを簡素化 ……… 236

おわりに ……… 242

1章

Excelをうまく使えば
半日仕事がわずか5分

1 スピード優先社会に対応するには 常に効率を意識することが大切

20年前のビジネスのスピード感

「A社に見積りを発行してもらえるかな。」

　営業課長にこう言われ、あなたは

「はい、すぐに！」

　と元気良く返事をしました。

　あなたはさっそく、見積発行依頼書に記入し、社内便で大型コンピュータの担当者に提出しました。大型コンピュータをまわしてデータをアウトプットするには丸1日かかります。2日後、担当者より、印刷された見積書の入った社内便が返送されてきたので内容を確認したところ、先方の会社名の漢字に間違いがあり、修正を依頼。翌日、ようやく正しく印刷された見積書が届きました。

　押印申請書をまわし、次の日に社印が押され、電車に乗ってお客様のところへ出発。A社の担当者に見積りが届くまで、結局5日間かかりました。

あなた　「課長、A社に見積書を届けてきました。」
課長　　「ありがとう。早かったね！」

　20年ほど前は、これが通常の見積書発行プロセスでした。見積書だけでなく、請求書や提案書なども、だいたい1週間程度の期間をみて依頼をかけるのが標準的なスケジュール感でした。

現代のビジネスのスピード感

　時計の針を元に戻しましょう。今の時代ならどうでしょうか。
　見積書の発行に1週間かけていたら、あなたは課長から大目玉をくらうことは間違いありません。
　あなたのデスクにはパソコンがあり、そこにはExcelが入っています。ファイルサーバーにアクセスし、見積書のフォーマットファイルを開き、得意先名、商品名、金額、日付等の必要事項を入力してメール添付すれば、ものの10分でA社に見積書を届けることができます。
　押印などの細かい手続きを除いて大枠で考えると、20年前に約1週間かかっていたプロセスが、10分でできることが「あたりまえ」とされる時代になっているのです。

工場での生産や、物流のリードタイム、経理の決算業務など、あらゆるプロセスにおいて、以前とは比較にならないほどのスピードが求められています。

　世の中すべてにおいてそうなので、このスピード感についていけない会社は、他社との競争に敗れ、淘汰されていく運命にあります。

個人にもスピードが求められている

　その会社組織の構成員である個人個人にも、これと同様のことがあてはまります。私は、以前勤めていた会社で人事部長をしていた関係上、多くの会社の人事の方と話をしましたが、現に「スピードは MUST、クオリティは BETTER」という考えの方がほとんどです。

　要するに、何をするにしても、質としては最高のデキでなくても修正していけばいいですが、スピードが遅いのは話にならないということです。人事の責任者クラスがそう言っているということは、採用にしても評価にしても間違いなくそういった基準が入っているということになります。

　スピーディーな変化の波に飲み込まれることなく、楽しく波乗りして過ごすためには「以前の自分」よりも着実にスピードアップした「今の自分」が存在している、という状態をつくっておかなければなりません。

　常に効率アップを意識して仕事に取り組むことが、会社にとってもあなた自身にとっても非常に大切なのです。

Excelを本当に活用するためには使い方を工夫することが必要

手作業の苦労はExcelに置き換わった

　その昔、デスクワークはすべて手作業で、紙でやっていた時代がありました。

　提案書のページを振るのに、紙のまん中に印をつけ、プラスチック製の数字テンプレートをあてて1枚1枚手作業で記入していました。

　学校の先生は、鉄筆でていねいに1文字1文字「ガリキリ」して試験問題を印刷していました。経理部員は何度も計算間違いをしながら、決算書類の下書きを何枚も手書きで作成していました。

　そんな時代でも、少しでも効率的にやろうと、作業手順を工夫したり、計算間違いをしないようにフォーマットを変更したりしていました。

　しかし、今や、そういう仕事はほとんどExcelに置き換えられました。計算間違いは無くなり、「手書き」の労力は「入力」へと置き換わり、生産性は劇的に向上しました。

ただExcelを使っているだけではダメ

　ところが、世の中の変化のスピードは加速しています。20年前から現在までに起こった変化が、今後10年の間にさらに起こるかも知れませんし、今後5年の間に起こるかも知れません。そして、どのような変化が起こるのかを正確に予測できる人は誰もいません。

　そんな中で、紙でやっていたことを単純にExcelに置き換えてやっているだけでは、まだまだラクになったように感じることは少ないのではないでしょうか。変化の波乗りを「楽しむ」レベルを目指すには、もう一歩踏み込んで考える必要があります。

紙の時代に手順やフォーマットを工夫して効率化を図っていたのと同様に、Excelで仕事をするときにも、工夫、改善を加えることが大切です。

　たとえば、前述の見積書作成業務ですが、「20年前に約1週間かかっていたものが、10分でできるようになった」という話をしました。これについて、もう一歩踏み込んで考えてみましょう。

Excelの使い方を見なおし、工夫する

　得意先名、商品名、金額、日付等の必要事項をすべて手で入力しているとすれば、1枚の見積書を作成するのに10分かかってしまうかも知れません。しかし、得意先コードや商品コードをリストから選択する入力方法に変更したり、簡単なマクロを組んで印刷を自動化したりと、一工夫すれば、実作業としては2、3分で10枚の見積書を作成できるようになります。

　1枚あたり10分かかっていたものが、1枚あたり0.3分でできるようになるのですから、これだけでも約30倍の効率化です。
　このような視点で、みなさんの実際のExcel業務をあらためて思い起こしてみてください。

「いつも同じようなデータを苦労してコピペしている」、「毎回同じ設定をしてプリントアウトしている」、「似たようなシートをいくつもつくってどのデータが正しいのかわからなくなっている」、「罫線の種類を変更するのが面倒」など、日頃ご自身が感じている多くの問題点がきっと見つかるはずです。

　ぜひ、この機会に再点検していただければと思います。

3 あなたは5分で終わる仕事に半日かけているかも知れない

Excelを効率的に使わない人が多いわけ

　今やExcelはビジネスに不可欠なツールとなり、多くのビジネスパーソンに利用されています。

　しかし、〝効率〟という観点からみると、実際には、Excelの使い方を工夫し、真に効果的に活用している人は少ないものです。

　しかしそれでも、あまり大きな問題として社内で取り上げられることはありません。なぜならば、Excelはなんとなく使っていたとしても、工夫して使っていたとしても、直接評価の対象になることは無いからです。

　上司の1番の関心は「結果」にあるため、できあがった資料についてはいろいろと口をはさみますが、Excelをどのように使ってその資料をつくったかまでは、よほど問題が無い限りチェックされません。なので、Excelがある程度使えるようになってさえいれば、あとは時間がかかったとしても、目の前の業務をがんばってこなしていた方が無難に思えてしまうのです。

　たとえば次のような経験はありませんか？

- 各営業所から送られてくる売上実績データを、一つひとつ手で転記して新たにサマリーレポートを作成している

- 計算機で計算した結果を入力して集計表をつくっている

- メール添付で送られてきた計画表などの大量の単票を印刷し、そこからデータを手入力して別の一覧表にまとめている

　このような使い方をしている場合、資料をつくり上げるのに何時間もかかってしまうこともあるでしょう。しかし、これらの業務は、ちょっとExcelの使い方を工夫するだけで、**あるいは5分で終わるかも知れない**のです。

普遍の原則に沿って根本から見なおす

　こうした不都合は、現在ごまんとあるExcel本を読んで個別の機能を網羅的にたくさん覚えても、なかなか解消できるものではありません。
　Excelを有効に活用し、このような非効率性を解消するためには、世の中の時流に流されない、普遍の「原則」に則ってその使い方を根本か

ら見なおしてみることが大切なのです。

　本書では、このような原則に沿って、現場でExcelを〝活用する〟コツをお教えします。コツがわかれば、アウトプットまでのスピードが目に見えて変わりますし、効率化のアイデアもどんどん湧いてくるでしょう。ぜひ実践でお試しください。

2章

Excelを「効率化4原則」に
あてはめて考えよう

ビジネスシーンでのExcel活用ポイントを普遍の「原則」から考えよう

生産性向上に使われている原則

　めまぐるしく変化し続けるビジネス環境の中において、それに対応していくためのスキルを獲得することは必須です。また、そのスキルの有効性を支える基準や指針は、変化に流されない普遍の「原則（法則）」に立脚したものである方が、ブレることのない軸としての役割を有効的に発揮します。

　「万有引力の法則」や「質量保存の法則」などの仰々しい物理学の法則だけでなく、世の中に数多くある「フレームワーク」と呼ばれるものも、そういう考え方に基づいてつくられています。→ 多くはそうではなくひある

　たとえば、「報告書を書くときは⑤W1Hを必ず入れましょう」というときの「5W1H」や、「仕事はPlan、Do、Check、ActionのPDCAサイクルをまわしてうまく進めましょう」というときの「PDCA」、「販促の際には、製品（Product）、価格（Price）、流通（Place）、プロモーション（Promotion）の4Pについて考えましょう」というときの「4P」などは、周囲の環境がどんなに変化したとしても、考え方の根本原理として変わることなく、私たちの思考をサポートしてくれるものです。

　特に、環境の変化が激しく、判断が狂いそうになってしまったときにこそ、変化に流されない普遍の「原則」を基盤に持ち続けることが重要となるのです。

　業務を効率化する際にも、活用できるいくつかの「原則」が存在します。これから効率的なExcelの活用法を考えるにあたり、生産性向上コンサルティングの現場でも実際によく使われる重要な「原則」を1つご紹介します。

　それは、<u>「ECRS（イーシーアールエス）の原則」</u>というものです。

ECRSのそれぞれの役割

ECRSとは、「**Eliminate（削除）**」、「**Combine（結合）**」、「**Rearrange（置換）**」、「**Simplify（簡素化）**」の頭文字をとったもので、効果の高い順番に並んでいます。

それぞれが持つ役割をご紹介しましょう。

もっとも効果的なのが「E」です。無駄なプロセスを見つけて、その部分を丸ごと削除（Eliminate）してしまうことができないか考えましょう、ということです。ものを探していたり、同じような作業を何度も繰返したりしていないかを振り返り、そういう作業は撲滅していく考え方です。

2番目に効果が高いのが「C」です。前工程と後工程で似たような作業をしている場合は、1つの工程にまとめて（Combine）しまえないか考えます。スプーンとフォークを1つにしてしまうとか、よく東急ハンズなんかに売っている、栓抜きとナイフとルーペ等を1つにしてしまった道具なども「C」の考え方です。

大きく解釈すると、1つ改善することによって他の多くのプロセスにいい影響を与えるところを見つけて手を打ちましょう、という考え方とも言えます。

次に効果が高いのが「R」です。手順ややり方を別の方法に置き換え（Rearrange）られないか検討します。掃除のときに、床掃除からではなく、ほこりが落ちてくるタンスの上から先にやるようにするとか、営業先に訪問する順番を、移動時間のもっとも少ない順に入れ替える、などがこれに該当します。

最後は「S」です。簡素化、パターン化してシンプルにする（Simplify）ことができないか考えましょう、ということです。書類のフォーマット化や、必要事項のチェックリスト化などが該当します。手順の簡素化は、単独で考えるより、「E」「C」「R」を実行した結果「S」につながることも多いです。

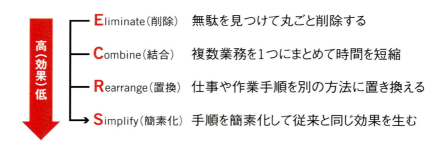

ECRSを具体例で理解しよう

　ECRSの考え方は、もともと製造現場の生産性向上のために使われていましたが、一般的な事務仕事にも、普段の生活にも応用できるものです。
　ここから、この原則を日常生活で使った具体例を挙げてみます。わかりやすい事例でECRSの理解を深めていきましょう。

料理でECRSのイメージをつかもう

　最近は男女を問わず、料理が得意な方が増えているようですので、まずは身近なところで、料理の例で説明します。
　唐揚げと付け合わせの野菜の調理を、ECRSの考え方を用いて効率化してみます。

- 鶏肉を揉みこむ際、タレといっしょにビニール袋に入れて揉みこむ（E…手洗いやボールを洗う作業を削除）

- アクの出ないもやしなどの野菜を先に茹で、後からその茹で汁を利用して、ホウレン草などのアクが強い野菜を茹でる
（E…茹で汁を交換する作業を1回削除）

- 冷凍唐揚げを「レンジでチン！」（究極のEですね…）

- 炊飯器のスイッチを入れてから料理を始める（C…並行作業化）

- 下味をつけている間にキャベツの千切りなどの別作業をする
（C…並行作業化）

- 菜箸、おたま、計量スプーンなど、よく使うものをひとまとめにしておく（C…キット化）

- 上記のような、よく使う道具類を手前に置く
  （R…置き場所の入れ替え）

- しょうがとしょうゆとお酒に漬けて揉みこんで20分くらい漬け置きする代わりに味付け唐揚げ粉を利用する
  （R…味付け作業の置き換え）

といったように、10個程度の改善案は簡単に挙げることができますね。最近はテレビでも、料理の得意な人がおいしいものを早くつくる方法を紹介したりしているので、イメージしてもらいやすかったのではないでしょうか。

ECRSで出勤時間を短縮すると…

　もう1つ、今度は少し短めのプロセスにECRSを適用してみましょう。

　あなたは毎朝、下駄箱から靴べらを探して革靴を履き、ひもを結んでドアから出て、鍵をかけて駅に向かいます。いつもこの作業に2分かかっているために、駅まで猛スピードで走らないと電車に間に合いません。

　これをECRSの考え方を用いて効率化してみます。

- 靴べらを下駄箱内の取りやすい場所に定位置化する
  （E…靴べらを探す動作を削除）

- 靴べらを置く場所を下駄箱の外に用意する
  （E…下駄箱の開け閉めを削除）

- 靴べらをゴムで吊っておく
  （E…使い終わった靴べらを定位置に戻す動作を削除）

- 事前に靴ひもを緩めに結んでおく
  （E…靴ひもを一から結ぶ動作を削除）

- 鍵をオートロックにする（E…鍵を閉める動作を削除）

- 革靴に靴べらをセットしておく
  （C…靴べらをあてる動作と靴を履く動作を結合）

- 靴の置き方を、左足は手前に、右足は一歩先に置いておく
  （C…靴を履く動作と一歩踏み出す動作を結合）

- ひも靴ではない革靴に買い換える
  （R…履きやすい種類の靴に置き換え）

- 駅までの移動手段を自転車にする（R…移動手段の置き換え）

 といったように、たった2分の作業の中にもこれだけの〝非効率〟が隠れているのですね。

 最後に、実際の業務に近い例でやってみましょう。読者のみなさんもいっしょにアイデアを考えてみてください。

社内会議の準備で残業続き

 あなたは、会社で重要なプロジェクトのサポート役を頼まれました。

この業務をアサインされてから目に見えて残業時間が増え、何がネックになっているか考えたところ、2週間に1回程度開催される会議の準備に多くの時間をとられていることがわかりました。

　プロジェクトリーダーは部長なので、会議の進行はしてくれるのですが、参加者の時間調整と開催日時の決定、資料の作成、議事録の作成・配付など、会議をスムーズに進めるための周辺業務はあなたの仕事の範疇です。

　現状は、退職してしまった前任者のやり方を引き継いでいます。たとえば、開催日時の調整をとってみても、忙しいメンバーばかりでメールを送ってもなかなか返信がこないし、電話をかけてもつながらないしで右往左往した結果、いつもギリギリで開催の案内を出しています。

　資料は、プロジェクトメンバー各々から集めた進捗状況のデータを、別のサマリーレポートに入力しなおして一覧表形式で当日までに作成し、メール添付で配付します。

会議中はメモをとって、終了後すぐに議事録をつくり始め、その日のうちに印刷して部長に承認印をもらってコピーし、翌日には各メンバーの手元に社内便で届くようにしています。

ECRSで社内会議も200％効率化!?

会議の運営をECRSの考え方を用いて効率化してみましょう。

ブレーンストーミングですから、実現可能かどうかという点は後から考えるとして、まずは思いついたことを挙げてみてください。

- 会議を定例化して開催日時を事前に決めておく
  （E…メンバーのスケジュール調整を削除）

- メールでの情報共有で済む部分を洗い出し、2週間に1回程度開催していた会議の開催回数を減らす（E…会議自体の削除）

- 会議資料の作成にExcelを活用して、別のサマリーレポートに入力しなおす作業を削除（E…本書の3章以降で詳しく紹介します）

- 会議中にパソコンでキーワードを入力しておいて、それを使って議事録を作成する（C…並行作業化）

- スケジュール調整・連絡にグループウェアを導入する
  （R…スケジュール調整方法の置き換え）

- 議事録の承認印をメール回覧にする（R…回覧方法の置き換え）

- 社内便での議事録送付をメール送付にする
  （R…送付方法の置き換え）

- このプロジェクトで使う書類はまとめて手前に置き、取りやすくする（R…置き場所の入れ替え）

- 議事録の内容を定型化して簡単に作成できるようにパターン化する（S…議事録作成業務を簡素化）

その他、会議当日に配付する資料の作成についても、一部削除（E）できるかも知れません。

実際にあった話ですが、私が出席していた部門長会議でのことです。この会議では、各部門の責任者が順番に状況報告をするのですが、毎回時間が無くなって説明されない項目がありました。

持ち時間がありますので、各部門長も報告する際に、5、6枚の資料の中で優先順位を決めて重要な順に報告します。そしてだいたい飛ばされる項目というのは決まっていて、それが無くても特に困らない情報でした。なぜなら、その項目は事前に速報値で参加メンバーに共有されている情報をまとめただけのものだったからです。

資料をまとめている担当者は、苦労してつくっていることが多いのですが、実際に会議でどういう使われ方をしているのかを関係者で話し合ってみれば、削除できる項目も少なくないでしょう。

特に、この事例のように、前任者から引き継いだ業務には、〝非効率〟がたくさん隠れていることが多いです。前任の方が悪いということではなく、それがあたりまえとして、長い間業務プロセスの1つに組み込まれてしまっているので、そういうときには、少し立ち止まって考えなおしてみましょう。

みなさんの案と合わせ、効果の大きい「E」の案から順に実施すれば、半分くらいの時間に改善できそうな気がしませんか。そうなれば200%

の効率化です。

各動作にかかる時間には世界基準がある

　実際のコンサルティングでは、そもそも、この一連の作業はどういった作業単位に分けられるのか、それらはどのくらいの時間がかかるものなのかを分析し、もっとも時間のかかっているところから改善を始めていきます。

　これはあまり知られていませんが、実は、一つひとつの動作にどれだけの時間がかかるのか、については世界標準があります。

　たとえば、腕を伸ばしてペンをとる動作には何秒かかる、キャビネットを開け、かがんで資料を持ち上げ、デスクに5歩歩いて戻ってくるには何秒かかる、など、世界標準の時間を積み上げて、その作業全体では何分かかるのが標準的なのかを算出できます。

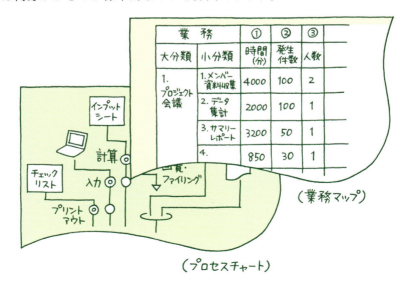

これに、トイレや休憩、緊急の電話対応などに要する余裕率をかけ算して、あるべき作業時間を計算し、これを基本としてECRSの視点から改善を重ねていくのです。

電話が必要なのは段取りが悪いから

以前、現場で電話対応にどれだけの余裕率をあてるのか議論になったことがあります。

電話は、コミュニケーションツールの中でも前近代的なツールで、こちらの都合を無視してかかってきます。それまでの作業が突然中断されて迷惑なだけでなく、こちらがかける立場になると一転、相手が出ないと「なんで出ないんだ」と間違ったイライラを誘発するので、精神衛生上もよくありません。

私もよくありますが、緊急の電話が必要になるときは、たいていこちらの段取りが悪かったときです。もちろん例外もありますが、そういう点においては、電話が無いと仕事にならないということは、お互いの段取りが悪いということになります。

それだけで、どれだけホワイトカラーの生産性が低いか、ということを表していると思います。

さて、コンサルティング現場での改善の進め方の一端をご紹介しましたが、ECRSのブレーンストーミングだけでも効率化できそうなイメージを持っていただけたのではないでしょうか。

次はいよいよ、ECRSをExcel業務に応用して考えてみましょう。

3 「ECRSの原則」をExcel業務に応用する

まず、Excelを使っていてもっとも時間のかかっている作業は何かを考え、それに「E」を適用できないかを考えることから始めましょう。

Excel業務でもっとも時間がかかるもの

Excelでは、どんな複雑な仕事をするときでも、ファイルを開き(あるいは新規作成し)、数字、文字、図を操作し、書式設定で形を整え、印刷してファイルを保存し閉じる、という大きな流れは共通です。([図1]参照)

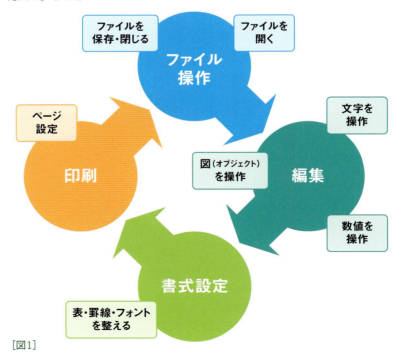

[図1]

仕事によっては印刷をしなかったり、図を使わなかったりする場合もありますが、これ以上のプロセスが発生することはありません。よって、これを標準モデルとして考えます。

この中でもっとも時間のかかるプロセスはどこでしょうか。トラブルでもない限り、［ファイル操作］と［印刷］に時間がかかることはありませんよね。凝った表をつくるのに［書式設定］に時間をかける人もいるかも知れませんが、本質的なところで実務上多くの時間がかかっているのは**圧倒的に［編集］の部分です**。

各営業所から送られてくる売上実績データを印刷し、一つひとつ手入力で別のサマリーレポートシートに転記しているうちに、気付いたら午前中が終わっていた。

データ入力が終わらなくて、昼休みもパンを食べながらキーボードを打っている。

「明日の会議に使うから」と上司に言われ、部門別の売上実績をまとめて提出したら、「ごめん、製品別・チーム別にもわかるようにしといて」と言われ深夜残業で数字を入れ替えている。しかも計算機をたたいて…。

あなたにはそのような経験はありませんか？

それらはすべて［編集］のプロセスに属する業務です。1 章で、手書きの労力は入力へと置き換わった、という話をしましたが、まだ**「手書き」の感覚で入力業務をしているケースが多い**のです。それは、特に「転記」と言われる業務です。

転記作業を撲滅せよ

私は、「ECRS の原則」をはじめとし、多くの改善手法を用いて企業の生産性を高めるコンサルテーションに携わっていました。また、さまざまな業種、規模の会社で約 20 年間にわたり、「ビジネス・エクセ

ラー」として活動してきました。

　そんな私のこれまでの経験からも、Excel業務において、先に挙げたような〝転記作業〟にもっとも時間をとられていることは間違いありません。

　この、転記の作業をEliminate（削除）することを本書の主な改善指針とします。この部分を改善することが、多くの機能を覚えることよりもっとも簡単で大きな効果を生みます。効率化の半分以上はできたも同然です。まず3章で、転記撲滅にもっとも有効な関数「VLOOKUP関数」について詳しくご紹介していきます。

3章

効率化にもっとも重要な「VLOOKUP関数」をマスターして「転記」を撲滅しよう

VLOOKUP関数は
あらゆる業務に有効

　この章からは、いよいよ業務効率化に向けて具体的な機能を紹介していきます。

　Excel業務において、もっとも時間をとられている〝転記作業〟を効率化するにあたり、1番有効なのが **VLOOKUP関数** です。この章では、転記撲滅に大活躍するVLOOKUP関数について詳しく説明していきます。

　VLOOKUP関数は、特に次のような業務に直結します。

> ☐ 無数のデータが並ぶ商品リストなどから、商品名や価格など、知りたい情報だけを瞬時に自動表示したい
> ☐ 70点以上の人を「合格」、70点以下の人を「不合格」に振り分けるなど、範囲を持たせて数値データを整理したい
> ☐ 「製品番号」と「部署名」など、複数の条件からデータを検索して自動転記させたい

　もちろん、上に挙げたような業務以外でも効果を発揮しますので、ご自身のどの業務に活かせそうか、という視点を持ちながら読み進めてみてください。

VLOOKUP関数とはどんな関数か

　VLOOKUP関数とは、一言でいえば、「**別表から瞬時にデータを持ってくる関数**」です。

　今まで、いったん紙に印刷して、必要なデータを他の表に手入力していたとすると、この関数を使えば直接そのデータを持ってくることができるようになります。まさに、転記撲滅のために用意された関数です。

　もう少し詳しく書くと、「①**指定したデータ**を、②**別表**の③**左端の列**から縦方向に探して、見つけたらその位置から④**指定した分、右にある値を持ってくる**関数」です。

①指定したデータ
②別表
③左端の列
④指定した分、右にある値を持ってくる

　という部分を太字で強調しましたが、ここがポイントになりますので、順番に説明していきます。

①指定したデータ（検索値）

　VLOOKUP関数を使って自動転記する際、1番最初に探すキーワードのことで、「検索値」と言います。
　たとえば、あなたが居酒屋に飲みに行って生ビールの値段を知りたいとします。このとき、メニューの価格表で「生ビール」を調べて、その隣にある金額を確認しますよね。このときの「生ビール」が「指定したデータ」（検索値）にあたります。

②別表（参照表）

　VLOOKUP 関数を使用するときには、必ず、現在あなたが作成している表以外に別の表が存在していることが前提になります。（前述①の例ですと、居酒屋さんのメニューの価格表のことです。）

　この別表のことを「参照表」と言います。参照表は、**同一ファイルでも、別ファイルでも結構です**。

　この参照表から、①の指定したデータを探してきて、それを基準に、現在あなたが作成している表にデータを自動転記することになります。

　ですので、必ず参照表のセルの範囲を指定しなければなりません。

③左端の列

　VLOOKUP 関数がデータを探してくるときのルールとして、②の参照表の左端の列を上から下に順番に検索する、というお約束があります。

　ですので、必ず左端に検索値がくるように参照表を作成しておかなければなりません。左端に検索値がきていない場合は、一列挿入するなりして、検索値用の列を左端に自分でつくる必要があります。

④指定した分、右にある値を持ってくる

　①指定したデータを、②別表の、③左端の列を上から下に順番に検索して見つかったとします。その見つかったデータを基準として、指定した分、右にある値を持ってきます。

　ですので、VLOOKUP 関数の中で、必ず「何列目」ということを表す数値を指定しなければなりません。そして、②別表として指定するセル範囲には、この列が含まれるようにしなければなりません。

　関数式はこのようなイメージになります。

=VLOOKUP(①指定したデータ , ②別表の範囲 , ④何列目 ,0)

「VLOOKUP」の次のカッコ内に入れるデータは、**「引数」** と呼ばれ、その関数の処理条件を指定するために入れるものです。複数存在する場合はカンマで区切って入力します。

　引数にどのようなデータを用いるか、何個必要かなどは、関数ごとにルールとして決められています。VLOOKUP関数の場合は、前述のようなルールになります。

　最後の「0（ゼロ）」については、また後ほど解説しますが、今の段階では「引数の最後には0を入れる」と覚えておいてください。

ここまでのポイント

- VLOOKUP関数とは、指定したデータを別表から瞬時に持ってくる関数
- VLOOKUP関数を使うには、別表（参照表）が必要
- 関数式は、=VLOOKUP(①指定したデータ , ②別表の範囲 , ④何列目 ,0)

3 │ VLOOKUP 関数の 基本的な使い方

　では、実際に練習してみましょう。初心者の方はいきなり手持ちの
ファイルで挑戦せずに、まずは本書のサンプルファイルで概要を覚える
ことをおすすめします。

　［図2］のような、A2セルに受験番号を入力したら、B2セルに受験会
場が自動的に転記される式を作成したいと思います。

	A	B	C	D	E	F	G	H
1	受験番号	受験会場		受験番号	氏名	受験会場	得点	
2	120			100	山田 広樹	東京	43	
3				110	阿部 博子	東京	91	
4				120	太田 司	名古屋	85	
5				130	吉田 公男	名古屋	65	
6				140	竹山 寛治	大阪	72	
7				150	佐川 邦子	福岡	54	
8								

［図2］ ダウンロード

　「①指定したデータ」に相当するものは、「A2セルに受験番号を入力
したら」という条件からもわかるように、受験番号120番が入力され
ている「A2セル」になります。

　また、②別表の範囲は、「どこから探してくるか」ということですの
で、セル範囲は「D2:G7」ということになります。

　この範囲の左端の列を上から検索して、「120」が見つかったら、④
は何列分右にあるデータを持ってくるか、ということなので、D列を含
めて3列目にある受験会場の「名古屋」というデータを持ってきたい、
ということを示す「3」を入れます。結果として、

　=VLOOKUP(A2, D2:G7, 3, 0)

　という関数式が完成します。

（［fx］をクリックすると起動する、関数ウィザードからも入力できますので、その対応関係を［図3］に示しておきます。）

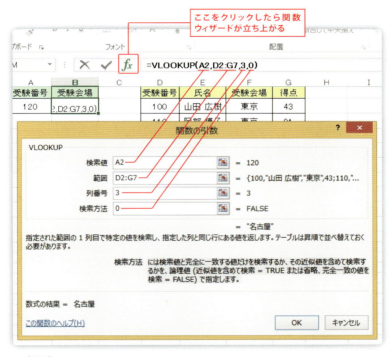

［図3］

=VLOOKUP(A2, D2:G7, 3, 0)

　要するに、
「A2セルに入っているデータと同じものを、セル範囲D2:G7にある別表の左端の列から探しなさい。そして、一致するものが見つかったら、そのデータから3列分右にあるデータを持ってきなさい。」という意味になります。

［図4］にまとめておきます。

［図4］

もう1つ練習しておきましょう。

今度は、A2セルに受験番号を入力したら、B2セルに受験者名が自動的に転記される式を作成してみます。

①指定したデータと、②別表の範囲は、先ほどと同じですね。
ですので、
=VLOOKUP(A2, D2:G7,

までは、同じです。
この後の、3個目の引数（第3引数）ですが、別表の範囲の左端の列に「120」が見つかったら、何列分右にあるデータを持ってくるか、ということでした。
D列を含めて2列目にある氏名「太田 司」というデータを持ってきたいので、ここには「2」を入れます。

結果として、

=VLOOKUP(A2, D2:G7, 2, 0)

という関数式が完成します。（[図 5] 参照）

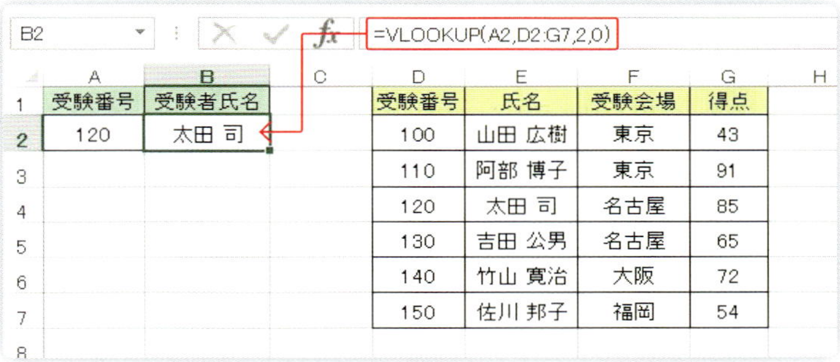
B2　=VLOOKUP(A2,D2:G7,2,0)

	A	B	C	D	E	F	G	H
1	受験番号	受験者氏名		受験番号	氏名	受験会場	得点	
2	120	太田 司		100	山田 広樹	東京	43	
3				110	阿部 博子	東京	91	
4				120	太田 司	名古屋	85	
5				130	吉田 公男	名古屋	65	
6				140	竹山 寛治	大阪	72	
7				150	佐川 邦子	福岡	54	
8								

[図5]

ここで、引数の最後の「0（ゼロ）」について説明します。この0は、「完全一致」を表しており、「FALSE」と記述しても同じ意味になります。「0」か「FALSE」でない場合は、「1」か「TRUE」が入ります。どのような場合にどちらを使うのかについて、これから説明していきます。

[図 5] のG列には得点が入力されています。たとえば、この点数によって合否を判断するとします。

65点以上の人は「合格」、45点以上65点未満の人は「再試験」、45点未満の人は「不合格」と、3つに区分します。この場合、この3区分を別表に整理し、得点を検索値として、VLOOKUP関数を使って合否区分を持ってきます。

ところが、これまでのように、最後の引数を 0 とすると、[図 6] の H2 セルのように、

=VLOOKUP(G2, J2:K4, 2, 0)

という式になって、#N/A エラーが出ます。

　別表として参照するセル範囲 J2:K4 の左端の列に、「43」はありませんね。最後の引数が 0 の場合、「43」と完全に一致するデータを別表から探すので、Excel が「探しても見つかりません」と言っているのです。

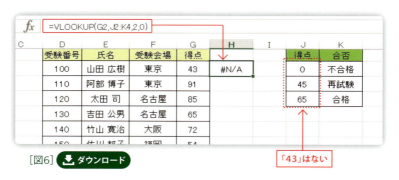

[図6]

　そこで、最後の引数を「1」に変更してみましょう。

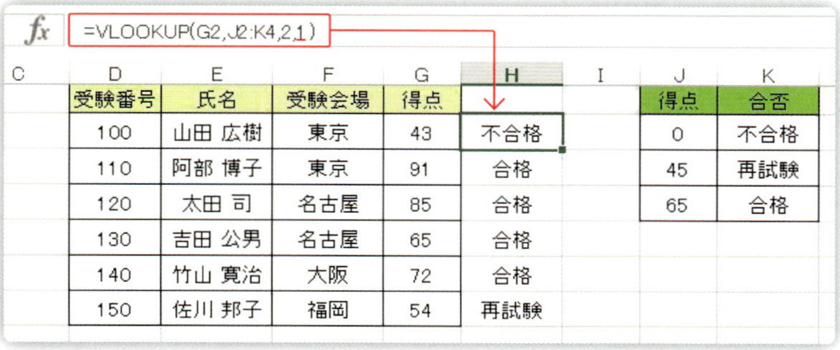

[図7]

［図7］のH2セルに、「不合格」というデータを持ってくることができました。最後の引数を、「1」または「TRUE」にすると、**「検索値以下で、もっとも大きな値を探しなさい」**という意味になるからです。

［図7］の別表の左端の列に「43」はありませんが、43以下でもっとも大きな値である0を探して、その右隣にある「不合格」というデータを持ってきたというわけです。

次の人の得点「91」についても同様です。
別表に「91」はありませんが、91以下でもっとも大きな値を探し「65」を見つけ、その右隣にある「合格」というデータを持ってきています。

このように、「①指定したデータ（検索値）」に、○○以上□□未満、のような範囲を持たせたいときに「1」を使います。

最後の引数を「0」か「FALSE」にすると、**完全に一致するデータを探す**、「1」か「TRUE」にすると、**検索値以下で、もっとも大きな値を探す**ということを覚えておいてください。

ここまでのポイント

- VLOOKUP関数の引数は4つ
- 最後の引数を「0」か「FALSE」にすると、完全に一致するデータを探す
- 最後の引数を「1」か「TRUE」にすると、検索値以下で、もっとも大きな値を探す

VLOOKUP関数の
ありがちなミスと対処法

　VLOOKUP関数は、他のSUM関数やAVERAGE関数などと比べると、少し難しく感じるかも知れません。

　なぜなら、この関数は、現在関数を入力しているセルとまったく異なる場所にある別表を扱うため、使用する引数と、覚えなければならないルールが多くあり、間違えてしまう可能性が高いからです。

　そこで、初心者がよくやってしまうエラーの典型例とその対処法をご紹介します。ここで挙げることを意識してVLOOKUP関数を使用していただければ、間違える可能性はほぼゼロになります。重要な部分ですので、じっくりお読みください。

（1）参照範囲の左端の列に検索値が存在しない

　前述の［図6］（P48）のようなケースです。最後の引数を0にしている場合、参照範囲の左端の列に検索値とまったく同じデータが見つからないと、Excelが「参照表を探しても検索値が見つかりません」と言ってエラーを返します。#N/Aエラーが出たら、こういったミスが生じていないか、まず確認してください。

　後は、そもそもの間違いですが、第1引数の検索値のところに、参照表内のセルを指定してしまう人もいます。検索値は、参照表から探すキーワードのことなので、参照表内のセルを指定することはありません。

（2）式をコピーしたときに、
検索値のセル番地や別表の参照範囲が動いてしまう

　前述の［図5］（P47）のB2セル「受験者氏名」の右隣に、続けて「受験会場」と「得点」が入るようにしたい場合を考えます。

　B2セルには、VLOOKUP関数
=VLOOKUP(A2, F2:I7, 2, 0)

という関数式が入りますね。

　この状態で、A2セルに受験番号「130」を入力すると、参照表の左端F列から「130」を上から順番に検索して、見つかったセルから2列目にある「吉田 公男」というデータを持ってきます。

　よくやってしまう間違いが、これをこのまま、C2セル、D2セルにコピペしてしまうことです。（［図8］参照）

[図8]

	A	B	C	D	E	F	G	H	I
1	受験番号	受験者氏名	受験会場	得点		受験番号	氏名	受験会場	得点
2	130	吉田 公男	名古屋	85		100	山田 広樹	東京	43
3			コピペ			110	阿部 博子	東京	91
4						120	太田 司	名古屋	85
5						130	吉田 公男	名古屋	65
6						140	竹山 寛治	大阪	72
7						150	佐川 邦子	福岡	54
8									

B2セル：=VLOOKUP(A2,F2:I7,2,0)

　一見、何も間違ってないように見えますが、D2セルに「85」という数値が入っています。受験番号「130」の方の得点は65点ですよね。

ここには「65」が入らなければなりません。

　なぜこのようなことが起こってしまったのか、順を追って確認していきましょう。

　まず、C2セルにコピペした際、何が起こっているか見てみます。

　C2セルの関数式は、
=VLOOKUP(B2, G2:J7, 2, 0)

となっています。

　このときの検索値と参照表の範囲に着目してください。［図9］のようになっています。本来指定したい場所から右方向に少しズレていますね。

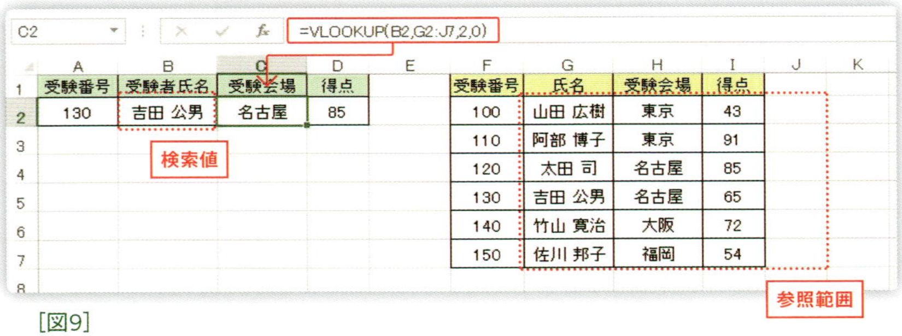

[図9]

　D2セルの関数式は、
=VLOOKUP(C2, H2:K7, 2, 0)

です。

同様に、このときの検索値と参照表の範囲に着目してください。［図10］のように、さらに右方向にズレています。

［図10］

　［図9］では、本来指定したい参照範囲からズレてはいますが、結果としては正しい値を返しています。
　このように、参照範囲が動いてもうまく重複している間は、本当は間違っているのに正しい結果が返されることがあります。このことがミスを発見しづらくしています。

　［図10］では、さらにズレて、検索値がC2セルの「名古屋」、参照範囲が「H2:K7」になってしまったので、H列を上から順に「名古屋」というデータを探し、最初に見つかったセルから2列目にある「85」というデータを持ってきています。

　ここで「あれ？　何かおかしいな」と気付けばまだいいのですが、それでもエラーメッセージは出ないため、原因を見つけるのは結構大変です。

　こういったミスは、参照表の範囲を**絶対参照**にすることで防ぐことができます。

ここで、「絶対参照」と「相対参照」の違いについて解説しておきます。

絶対参照の範囲はいつも固定、相対参照の範囲は今現在のセルを基準として決まる、と覚えてください。

そして、**「$」マーク**が絶対参照の合図です。「$」は、行番号や列番号の前に付けることによって、その部分を固定させることができます。

たとえば、[図11] のように、C2 セルに、「=A1」と、「$」マーク無しの参照式を入れます。もちろん、「10」が返されて表示されます。

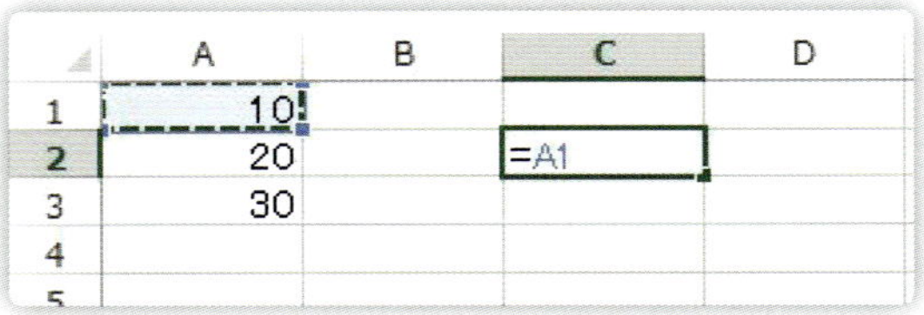

[図11]

この式を1つ下の C3 セルにコピペすると、C3 セルには、「=A2」と、自動的に A1 の「1」が「2」に変わってコピーされます。A2 セルには「20」が入っていますので、C3 セルには、「20」が入りますね。([図12] 参照)

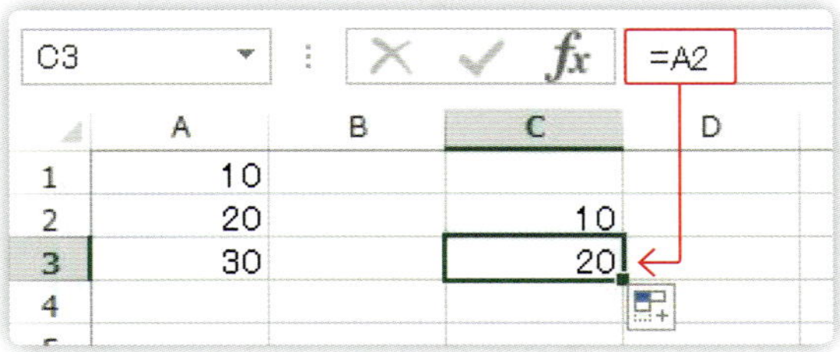

[図12]

ところが、[図13] のように、「=A1」に $ マークを付けて「=$A$1」

とすると、コピペしても常に「=$A$1」となり、返される値も「10」のまま固定となります。（[図13] 参照）

　なお、$マークの入力は、対象セルの式の該当部分にマウスカーソルを合わせ、F4 を何度か押すことで切り替えることができます。

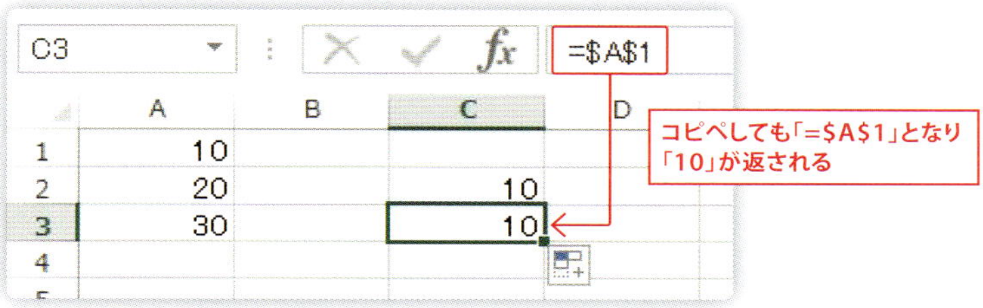

[図13]

　このときの、「=A1」を**相対参照**、「=$A$1」を**絶対参照**と言います。

　一見、どちらも同じA1セルの参照式ですが、Excel内部では、次のように、認識のしかたが異なるために結果が変わります。

● **相対参照（=A1）**　　　　現在のセル（C3セル）から数えて、左に3セル分、上に1セル分動いたセルを参照しなさい

● **絶対参照（=$A$1）**　　A1セルを参照しなさい

　絶対参照の式はコピーしても、「A1セルを参照しなさい」となるため、常にA1セルの値を参照しますが、相対参照の式はコピーすると、コピー先が「現在のセル」と認識されるため、[図12] のように、C3セルから数えて、左に3セル分、上に1セル分動いたA2セルの値を参照することになるのです。

　「$」マークは、横方向に固定なのか、縦方向に固定なのかを分けて指

定することもできます。

「$A1」とすれば、A だけが固定されるため、横方向にコピーしても固定ですが、縦方向にコピーすると、A2、A3、A4…と、同じ方向に同じ数だけ変動します。

「A$1」とすれば、1 だけが固定されるため、縦方向にコピーしても固定ですが、横方向にコピーすると、B1、C1、D1…と、同じ方向に同じ数だけ変動します。

　VLOOKUP 関数の中で使用する参照範囲は常に固定されたものですので、**常に絶対参照の形にしておく**ということを覚えておいてください。
　そして、可能な限り、参照範囲を「$F:$I」のように、列指定で固定（横方向に固定）することをおすすめします。そうしておけば、参照表のデータが追加されたとしても、範囲を意識する必要がなくなり便利です。

　あらためて、［図 8］（P51）からの正しいコピペのしかたは、次のようになります。

`手順1` まずは、B2 セルに、

=VLOOKUP($A2, $F:$I, 2, 0)

と、絶対参照を使った範囲指定で VLOOKUP 関数式を組みます。
　検索値の「A2」の「A」の左にも $ マークを付けて、コピーしても「B」や「C」に変わらないようにしておきます。

手順2 右方向にコピペします。（［図14］参照）

	A	B	C	D	E	F	G	H	I
	受験番号	受験者氏名	受験会場	得点		受験番号	氏名	受験会場	得点
1									
2	130	吉田 公男	吉田 公男	吉田 公男		100	山田 広樹	東京	43
3		コピペ →				110	阿部 博子	東京	91
4						120	太田 司	名古屋	85
5						130	吉田 公男	名古屋	65
6						140	竹山 寛治	大阪	72
7						150	佐川 邦子	福岡	54
8									

B2 セル： =VLOOKUP($A2,$F:$I,2,0)

［図14］

手順3 このままではすべて同じ結果が返されるので、第3引数（何列目のデータを持ってくるのか）を変更していきます。

C2 セルは、
=VLOOKUP($A2, $F:$I, 3, 0)

D2 セルは、
=VLOOKUP($A2, $F:$I, 4, 0)

と修正して完了です。

実は、この第3引数の部分も自動で変更されるようにすることが可能です。詳細はP81〜をご覧ください。

（３）参照範囲のデータの見た目と実態が異なっている

　別表の参照範囲にエラーの原因が隠れていることもあります。

　[図 15] を見てみましょう。
　[図 8]（P51）と計算式は同じなのですが、関数式の入ったすべての
セルで #N/A エラーが出ています。#N/A エラーの意味は、「参照表を
探しても検索値が見つかりません」という意味でしたね。

　検索値「130」は、F5 セルに存在します。なぜ Excel は認識してく
れないのでしょうか。

　F5 セルの「130」を数式バーでよく見ると、前にアポストロフィ「'」
が付いた「'130」となっています。F5 セルの「130」は、見た目は数
字ですが、実態としては文字として Excel に認識されていました。

　検索値となっている A2 セルの「130」は数値として入力されている
ため、「'130」とは異なるデータとして認識され、その結果「見つかり
ません」というエラーが出るのです。

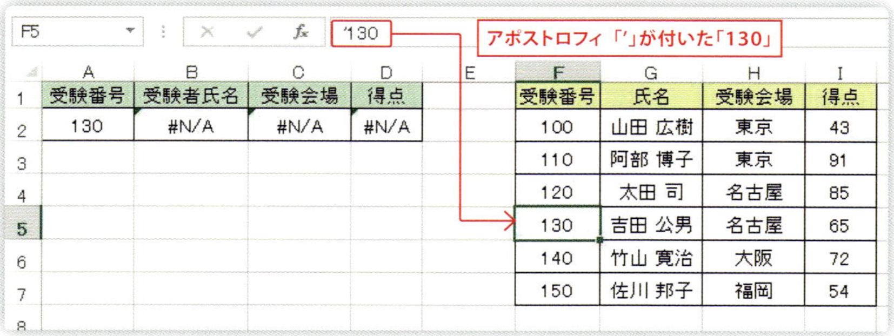

[図15]

また、空白セルが紛れている場合もあります。

　次に、[図16] を見てみましょう。こちらも #N/A エラーが出ています。
　検索値は A2 セルの「生ビール」なので、参照表に存在します。それでは、なぜ Excel は認識してくれないのでしょうか。

　D2 セルの「生ビール」を、数式バーをクリックしてよく見ると、文字のすぐ後ろに半角スペースが入っていました。

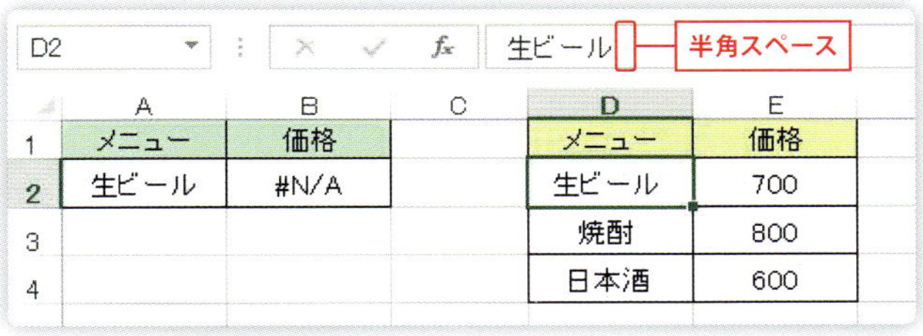

[図16] 📥 ダウンロード

　検索値である「生ビール」と、参照表の「生ビール＋半角スペース」は異なるデータとして認識され、その結果「見つかりません」というエラーが出るのです。

　#N/A エラーの原因がわからないときは、参照表内の値や文字が書式設定で変更されていないか、また半角スペースが紛れていないかなどを確認してみましょう。

（４）何列目のデータを持ってくるかの
　　第３引数を間違えている

　VLOOKUP 関数式の第３引数は、何列目のデータを持ってくるかを指定する数値でしたね。

　横に長い参照表を使っていたり、列が非表示になっていたりする場合、よく列数を数え間違える方がいます。列数は、順番に目で数える必要はありません。

　数えなくても、アルファベットの部分をクリックしてマウスでドラッグすれば、小さなポップアップで教えてくれます。その数字を使うようにしましょう。（［図 17］参照）

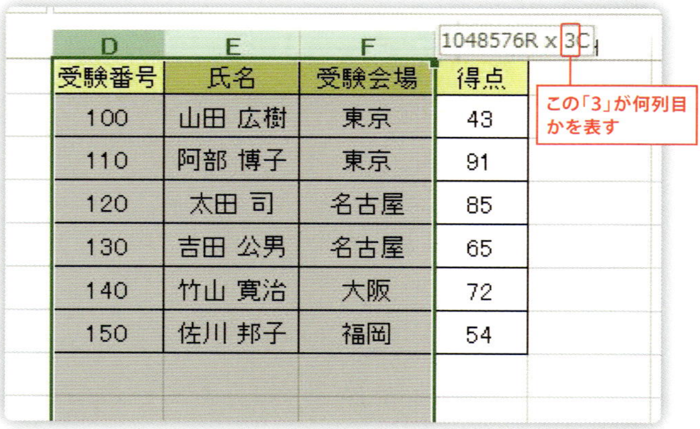

[図17]

（5）最後の引数が1のときの参照表が
　　昇順になっていない

［図18］は、［図7］（P48）の参照表の並びを変更したシートです。H列をご覧ください。たとえば、H2セルには、

=VLOOKUP(G2, J2:K4, 2, 1)

と、［図7］とまったく同じ式が入っています。

H列には、すべて［図7］とまったく同じ関数式が入っているのに、結果は全然意図しないデータが返されています。

［図18］

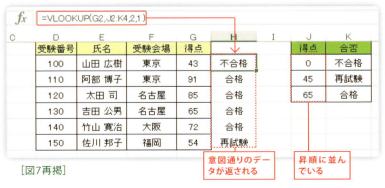

［図7再掲］

VLOOKUP 関数式の最後の引数に「1」または「TRUE」を使う場合は、**参照表の並びを昇順に**しておかなければなりません。これはルールなので、覚えておきましょう。

（6）最後の引数 0 または 1 の入力を忘れてしまう

最後の引数が 0 の場合、たとえ 0 の入力を忘れたとしてもエラーは出ず、正しい結果が返されます。これは、VLOOKUP 関数のルールで、最後の引数が入力されなかった場合は、0 が入力されたとみなすからです。

しかし、だからといって、「1」を使いたいときだけ 1 を入れて、それ以外のときは省略する、というような使い方をしていると、後から計算式をチェックするときにわかりづらくなって、かえって時間がかかることになります。

式を見たときにわかりやすいのは、最後の引数は常に「FALSE」か「TRUE」を入力する、というルールで VLOOKUP 関数を使うことです。私もそうしていますし、本書も今後はこのルールで統一します。

> **ここまでのポイント**
> - **VLOOKUP 関数式をコピペするときは、絶対参照にする**
> - **参照表の範囲は列で固定する**
> - **最後の引数には、「FALSE」か「TRUE」を使う**

検索条件を工夫して複雑な転記業務もスッキリ自動化

VLOOKUP関数は、引数の中でも、「①指定したデータ（検索値）」を工夫することで、より上手に活用することができます。いくつかの事例でその工夫のしかたをご紹介します。

（1）検索条件が複数あっても自動転記するテクニック

［図19］は、各営業チームの製品の売上がまとめられた表です。

C2セルに、第2営業チームの製品コード201601の売上データを自動転記したいときはどうすればいいでしょうか。

［図19］

「営業チーム」と「製品コード」という2つの検索条件があります。VLOOKUP関数で指定できる検索条件は1つですので、このままでは検索できません。

こういうときは、<u>2つの項目を「&」でつないだ新しい検索用のコード</u>をつくります。

E2 セルに、「=G2&H2」と入力して E15 セルまでコピーしてみてください。これで、検索条件が 1 つになります。（[図 20] 参照）

E2 =G2&H2

	A	B	C	D	E	F	G	H	I	J	K
1	営業チーム	製品コード	売上金額			地区	営業チーム	製品コード	販売製品	販売数量	売上金額
2	第2	201601			第1201501	東京	第1	201501	デスクトップPC	10	1,000,000
3					第1201502	東京	第1	201502	ノートPC	20	2,000,000
4					第1201503	東京	第1	201503	スレートPC	5	370,000
5					第1201601	東京	第1	201601	業務用プリンタ	8	630,000
6					第1201602	東京	第1	201602	プロジェクター	2	160,000
7					第2201501	東京	第2	201501	デスクトップPC	8	400,000
8					第2201502	東京	第2	201502	ノートPC	15	500,000
9					第2201503	東京	第2	201503	スレートPC	7	500,000
10					第2201601	東京	第2	201601	業務用プリンタ	12	960,000
11					第3201501	大阪	第3	201501	デスクトップPC	30	1,500,000
12					第3201503	大阪	第3	201503	スレートPC	10	500,000
13					第3201601	大阪	第3	201601	業務用プリンタ	2	150,000
14					第4201501	大阪	第4	201501	デスクトップPC	18	1,500,000
15					第4201602	大阪	第4	201602	プロジェクター	3	300,000

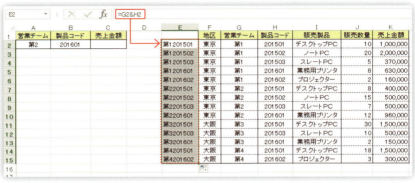

[図20]

引数となる検索値も、「A2&B2」として、C2 セルに関数式を入れてみましょう。参照表も先ほど作成した E 列を含めて指定します。

=VLOOKUP(A2&B2, E:K, 7, FALSE)

[図 21] のようになれば OK です。

C2 =VLOOKUP(A2&B2,E:K,7,FALSE)

	A	B	C	D	E	F	G	H	I	J	K
1	営業チーム	製品コード	売上金額			地区	営業チーム	製品コード	販売製品	販売数量	売上金額
2	第2	201601	960,000		第1201501	東京	第1	201501	デスクトップPC	10	1,000,000
3					第1201502	東京	第1	201502	ノートPC	20	2,000,000
4					第1201503	東京	第1	201503	スレートPC	5	370,000
5					第1201601	東京	第1	201601	業務用プリンタ	8	630,000
6					第1201602	東京	第1	201602	プロジェクター	2	160,000
7					第2201501	東京	第2	201501	デスクトップPC	8	400,000
8					第2201502	東京	第2	201502	ノートPC	15	500,000
9					第2201503	東京	第2	201503	スレートPC	7	500,000
10					第2201601	東京	第2	201601	業務用プリンタ	12	960,000
11					第3201501	大阪	第3	201501	デスクトップPC	30	1,500,000
12					第3201503	大阪	第3	201503	スレートPC	10	500,000
13					第3201601	大阪	第3	201601	業務用プリンタ	2	150,000
14					第4201501	大阪	第4	201501	デスクトップPC	18	1,500,000
15					第4201602	大阪	第4	201602	プロジェクター	3	300,000

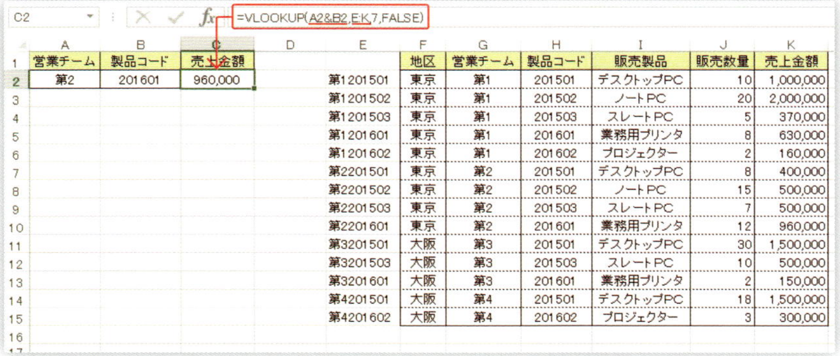

[図21]

（2）複数行のデータを自動転記するテクニック

［図 19］（P63）の売上表を使って、特定の営業チームが販売した製品と売上金額の一覧を自動転記してみましょう。

［図 22］のように、A2 セルに営業チームの名前を入れると、その販売製品と売上金額が、B2・C2 セル以下にそれぞれ入るようにします。

A2　fx　第1

	A	B	C	D	E	F	G	H	I	J	K
1	営業チーム	販売製品	売上金額			地区	営業チーム	製品コード	販売製品	販売数量	売上金額
2	第1	デスクトップPC	1,000,000			東京	第1	201501	デスクトップPC	10	1,000,000
3		ノートPC	2,000,000			東京	第1	201502	ノートPC	20	2,000,000
4		スレートPC	370,000			東京	第1	201503	スレートPC	5	370,000
5		業務用プリンタ	630,000			東京	第1	201601	業務用プリンタ	8	630,000
6		プロジェクター	160,000			東京	第1	201602	プロジェクター	2	160,000
7						東京	第2	201501	デスクトップPC	8	400,000
8						東京	第2	201502	ノートPC	15	500,000
9						東京	第2	201503	スレートPC	7	500,000
10						東京	第2	201601	業務用プリンタ	12	960,000
11						大阪	第3	201501	デスクトップPC	30	1,500,000
12						大阪	第3	201503	スレートPC	10	500,000
13						大阪	第3	201601	業務用プリンタ	2	150,000
14						大阪	第4	201501	デスクトップPC	18	1,500,000
15						大阪	第4	201602	プロジェクター	3	300,000

［図22］

手順としては、各営業チームが販売した製品は複数あるので、差別化するためにまず連番を付けます。その後、「**（1）検索条件が複数あっても自動転記するテクニック**」を応用することで完成します。

まずは、A2 セルで指定されたチーム名と同じチーム名を、参照表の G 列から探し、連番を振るところから始めます。連番は表外の L 列を使って振ることにします。

ここで、ただ上から順番に連番を付けるのではなく、**COUNTIF 関数**を使用することがポイントです。COUNTIF 関数は、あるセル範囲において、指定したデータの個数を数える関数です。

手順に入る前に関数式をおさえておきましょう。たとえば、B1セルからB10セルまでの範囲において、A1セルに入力されたデータと同じものが何個あるのかを数えるには、

=COUNTIF(B1:B10, A1)

とすればOKです。この操作で連番を振ることができます。

では、手順に入りましょう。

手順1　まず［図22］で、セル範囲G2:G15において、A2セルの「第1」という文字が何個あるのかを、L2セルに表示させます。

=COUNTIF(G2:G15, A2)

とすれば、「5」と表示されますね。（［図23］参照）

［図23］

手順2　L列に連番を振っていきます。連番を振るためのポイントは、COUNTIF関数の**検索セル範囲を、1行目から徐々に拡大**していくことです。

［図 23］では、検索範囲を G2:G15 としていますが、

L2 セルに入れるときには、G2:G2 に、

L3 セルに入れるときには、G2:G3 に、

L4 セルに入れるときには、G2:G4 に…

というように、徐々に拡大していくと、範囲の拡大に応じて個数がカウントされることになるので、連番のように表示されるのです。

このときに絶対参照を活用し、L2 セルに

=COUNTIF(G$2:G2, A$2)

として、そのまま下へコピーすれば、開始セルが固定されたまま、終了セルが変動するので、最初の行から COUNTIF 関数が入力されている行までのセル範囲を検索セル範囲とすることができます。

（［図 24］参照）

［図24］

現状だと「第1」以外にも「5」が振られていますね。このまま進めてもまったく問題ないので手順からは少し逸れますが、指定したチーム以外にも番号が振られていると、データが正しく表示されるか不安な気持ちになりますよね。**IF 関数**を加えることで、きれいな連番にしたい

と思います。A2 セルで指定されたチーム名と同じチーム名の場合のみCOUNTIF 関数を使用し、それ以外は何もしない、という関数です。

IF 関数については、4 章で詳しく説明しますが、ここでは、

=IF(G2=$A$2, COUNTIF(G$2:G2, A$2), "")

という関数式を L2 セルに入れて、L15 セルまでコピーしてみましょう。きれいに連番を振ることができます。（[図 25] 参照）

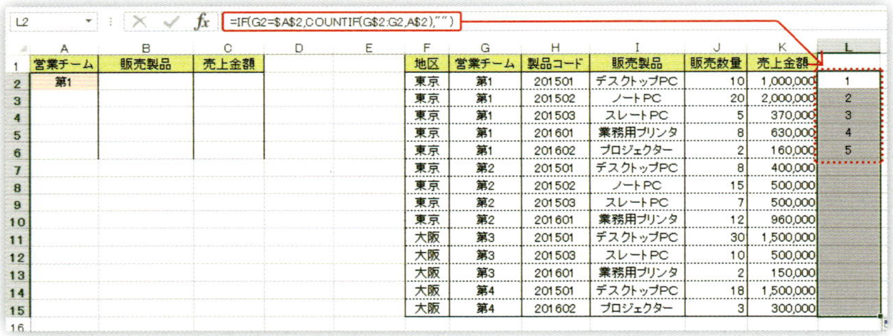
L2 =IF(G2=$A$2,COUNTIF(G$2:G2,A$2),"")

	A	B	C	D	E	F	G	H	I	J	K	L
1	営業チーム	販売製品	売上金額			地区	営業チーム	製品コード	販売製品	販売数量	売上金額	
2	第1					東京	第1	201501	デスクトップPC	10	1,000,000	1
3						東京	第1	201502	ノートPC	20	2,000,000	2
4						東京	第1	201503	スレートPC	5	370,000	3
5						東京	第1	201601	業務用プリンタ	8	630,000	4
6						東京	第1	201602	プロジェクター	2	160,000	5
7						東京	第2	201501	デスクトップPC	8	400,000	
8						東京	第2	201502	ノートPC	15	500,000	
9						東京	第2	201503	スレートPC	7	500,000	
10						東京	第2	201601	業務用プリンタ	12	960,000	
11						大阪	第3	201501	デスクトップPC	30	1,500,000	
12						大阪	第3	201503	スレートPC	10	500,000	
13						大阪	第3	201601	業務用プリンタ	2	150,000	
14						大阪	第4	201501	デスクトップPC	18	1,500,000	
15						大阪	第4	201602	プロジェクター	3	300,000	
16												

[図25]

それでは手順に戻ります。手順3 から「**（1）検索条件が複数あっても自動転記するテクニック**」を応用します。

手順3 複数行のデータを持ってくるための転記先にも連番が必要です。

今回は最大 5 行分のデータを持ってくる可能性があるので、1 から 5 までの連番を、D2 セルから順に振っておきましょう。**ここは自分で手入力します**。「1」「2」まで入力が終われば、あとはセルをドラッグするだけで続きを自動入力してくれる「オートフィル機能」（7 章でも詳しく説明します）を使うと便利です。（[図 26] 参照）

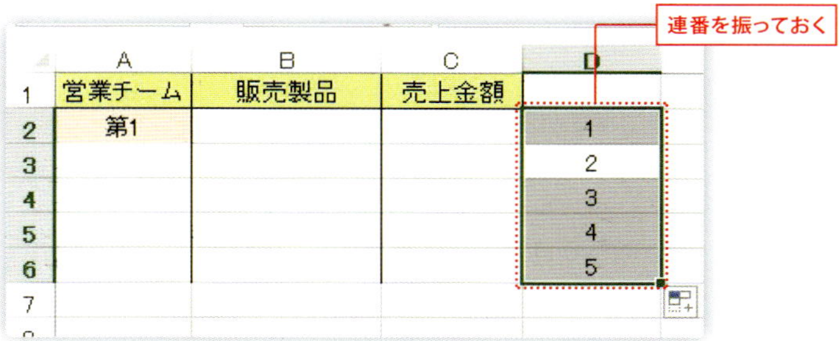

連番を振っておく

[図26]

手順4 「連番」と「チーム名」の2項目を「&」でつないだ新しい検索用のキーワードをつくります。E2セルに、「=L2&G2」と入力してE15セルまでコピーします。([図27] 参照)

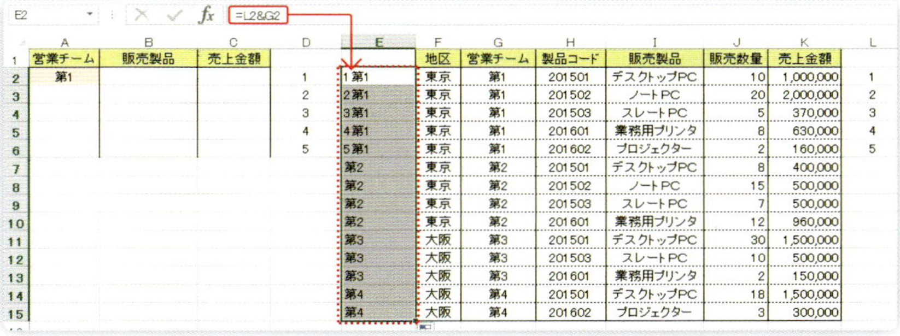

[図27]

手順5 連番付きの営業チーム名を検索値として、E列からK列の参照表から、転記したい項目「販売製品」(5列目)と「売上金額」(7列目)を持ってきます。

B2セルに、VLOOKUP関数式

=VLOOKUP(D2&A$2, $E:$K, 5, FALSE)

を入力します。

続いて C2 セルに、

=VLOOKUP(D2&A$2, $E:$K, 7, FALSE)

を入力します。

入力が完了したら、C6 セルまでコピーしましょう。（[図 28] 参照）

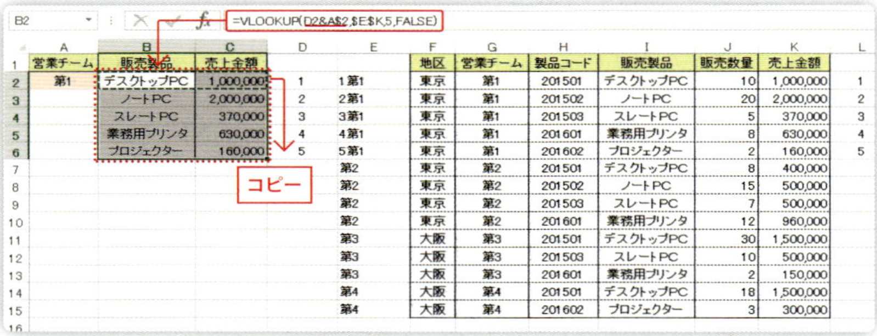

	A	B	C	D	E	F	G	H	I	J	K	L
1	営業チーム	販売製品	売上金額			地区	営業チーム	製品コード	販売製品	販売数量	売上金額	
2	第1	デスクトップPC	1,000,000	1	1第1	東京	第1	201501	デスクトップPC	10	1,000,000	1
3		ノートPC	2,000,000	2	2第1	東京	第1	201502	ノートPC	20	2,000,000	2
4		スレートPC	370,000	3	3第1	東京	第1	201503	スレートPC	5	370,000	3
5		業務用プリンタ	630,000	4	4第1	東京	第1	201601	業務用プリンタ	8	630,000	4
6		プロジェクター	160,000	5	5第1	東京	第1	201602	プロジェクター	2	160,000	5
7					第2	東京	第2	201501	デスクトップPC	8	400,000	
8					第2	東京	第2	201502	ノートPC	15	500,000	
9					第2	東京	第2	201503	スレートPC	7	500,000	
10					第2	東京	第2	201601	業務用プリンタ	12	960,000	
11					第3	大阪	第3	201501	デスクトップPC	30	1,500,000	
12					第3	大阪	第3	201503	スレートPC	10	500,000	
13					第3	大阪	第3	201601	業務用プリンタ	2	150,000	
14					第4	大阪	第4	201501	デスクトップPC	18	1,500,000	
15					第4	大阪	第4	201602	プロジェクター	3	300,000	

[図28]

転記のための作業はこれで完了です。チーム名を変更すると B 列、C 列の内容も変更されます。

手順6 仕上げとして、作業用のセルを見えなくしておきましょう。

D 列・E 列・L 列の 3 列を作業用に使用しました。これらに入れた数値や計算式は見えている必要はありませんので、非表示にします。

D 列・E 列・L 列を指定して、Ctrl＋1 を押してください。（離れた場所を範囲指定するには、Ctrl を押しながら範囲指定します。）

書式設定のダイアログボックスが開きます。

ここで、［表示形式］タブの［ユーザー定義］を選択して、「;;;」（セミコロン 3 つ）と入力して［OK］ボタンをクリックしてください。

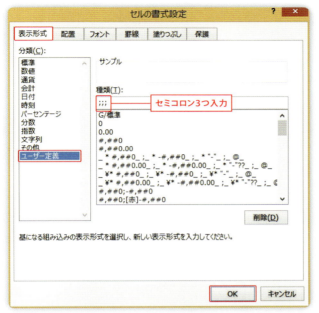

[図29]

これが「非表示」の表示形式になります。

その他、［フォント］タブから文字の色を白色にして見えなくする方法（［図30］参照）や、［ホーム］タブ→［書式］→［非表示／再表示］→［列を表示しない］から、作業用列を非表示にしてしまう方法（［図31］参照）などもあります。

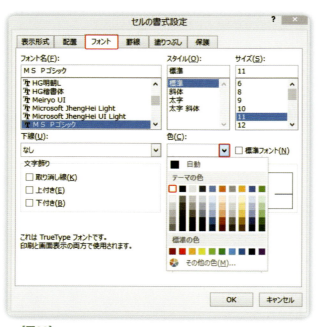

[図30]

[図31]

　この売上表では、第1営業チームが販売した製品は「デスクトップPC」、「ノートPC」、「スレートPC」、「業務用プリンタ」、「プロジェクター」の5種類ですが、第2営業チームが販売したのは4種類です。そのため、A2セルを「第2」とすると、B6セルとC6セルに#N/Aエラー（参照表の左端の列に検索値が存在しない）が出ます。（[図32]参照）これの回避方法は、P95〜をご覧ください。

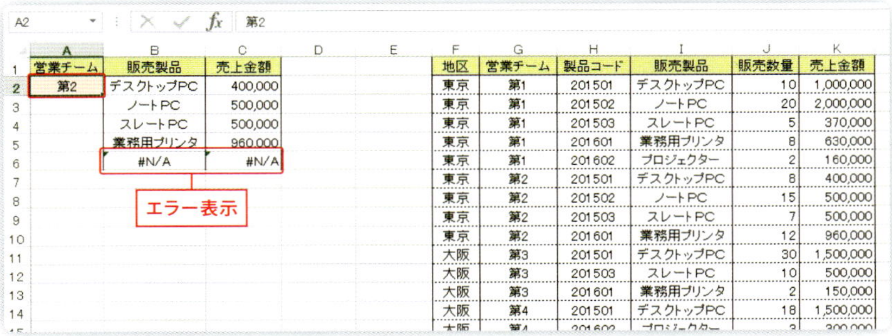

[図32]

（３）検索値が完全に一致しなくても
##　　ワイルドカードで検索する

　たとえば、社員リストに、「斎藤哲男」さんという社員のデータがあることがわかっているとします。入社年月日のデータを持ってきたいけれども、「さいとう」の「さい」の漢字が、「斉」なのか「斎」なのか「齋」なのかわからない場合、名前を検索値とした VLOOKUP 関数式ではうまく検索できません。

　そんなとき、A2 セルに「藤哲男」まで入力して検索値として使う方法があります。

　B2 セルに次のような関数式を入力します。
=VLOOKUP("*"&A2, F:I, 4, FALSE)

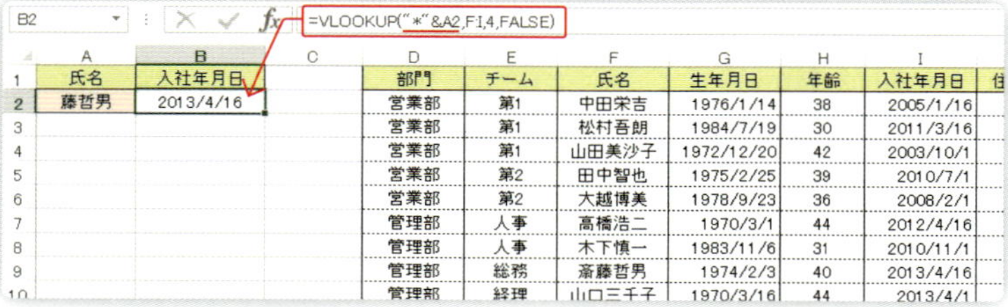

[図33] ⬇ ダウンロード

　このような場合に使うアスタリスク「*」のことを、**ワイルドカード**と呼びます。「*」の他、疑問符「?」もワイルドカードとして使用できます。

　アスタリスク「*」は、**文字数を問わない任意の文字列**を意味し、疑問符「?」は、**任意の 1 文字**を意味します。

ですので、この場合のように、「藤哲男」から「斎藤哲男」を検索するには、1文字分のワイルドカードを使うため、先ほどの検索値「"*"&A2」のところを、「"?"&A2」としても正しい結果を導くことができます。

　しかし、もし、「哲男」から「斎藤哲男」を検索する場合であれば、2文字分のワイルドカードを使わなければなりませんので、「"??"&A2」として疑問符「?」を2つ並べるか、アスタリスク「*」を使って「"*"&A2」とするかのどちらかになります。

　よくある間違いは、
=VLOOKUP("*"&A2, F:I, 4, FALSE)

　とすべきところを、
=VLOOKUP("*&A2", F:I, 4, FALSE)

　としてしまうケースです。
(" の位置が違う)

　これでは、「・・・&A2」という文字列を検索してしまい、#N/Aエラーが出てしまうのでご注意ください。

（４）検索値が横に並んでいるときには
　　　HLOOKUP関数を使おう

　VLOOKUP関数の「V」は、「Vertical」（縦方向）の「V」ですので、縦方向に検索しますが、検索値が横に並んでいる参照表の場合は、横方向（Horizon）に検索する必要があります。

　そんなときのために、Excelには、**HLOOKUP 関数**というものが用意されています。使い方はVLOOKUP関数と同じですので、1つだけ例を挙げておきます。

　［図34］では、A2セルに月を入力すると、売上、費用、利益をまとめた参照表から、該当月の利益額を自動転記します。

［図34］

B2セルには、

=HLOOKUP(A2, $E$1:$J$4, 4, FALSE)

というHLOOKUP関数式が入っています。

　この式を言葉にすると、

「A2セルに入っているデータと同じものを、セル範囲E1:J4にある別表の1番上の行から探しなさい。そして、一致するものが見つかった

ら、そのデータから4行下にあるデータを持ってきなさい。」

　という意味になります。

　このように、縦と横が入れ替わっただけで、VLOOKUP関数と同じ
要領で使うことができます。

ここまでのポイント

- 検索値を工夫すれば応用範囲が広がる
- 必要に応じて作業用セルを作成して活用する
- 検索値が横に並んでいる参照表の場合はHLOOKUP関数を使う

以上、この章ではVLOOKUP関数のお約束と注意すべき点、より効率的に使うための工夫点についてお伝えしてきました。便利さを実感していただけましたでしょうか。

　なお、ここでは同じシート上に参照表がある場合のみを取り上げてきましたが、実務では参照表が別のファイルに存在しているケースも多々あります。

　その場合は同様に、第2引数「別表の範囲」のところに、その別ファイルの該当する範囲を指定すれば正しい結果が返されます。
（［図34-2］参照）

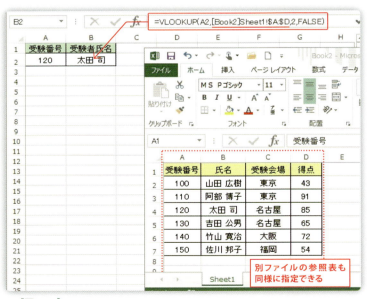

［図34-2］

　次の4章では、VLOOKUP関数に他の関数を組み合わせて、より便利に幅広く活用できる事例をご紹介します。

4章

最強関数ベスト5と
組み合わせてさらに効率アップ
～COLUMN、INDIRECT、MATCH、IF、OFFSET～

1 VLOOKUP 関数と他の関数を組み合わせてさらに効率アップ

　3章でご紹介した「VLOOKUP 関数」は、**他の関数と組み合わせることでさらに効率アップが可能**です。

　これは VLOOKUP 関数に限ったことではありませんが、関数はうまく組み合わせると、思いもよらなかったことが実現できることがあります。Excel を実務でうまく活用している人は、たいてい関数を組み合わせるのが上手です。

　実は Excel は、細かい機能をたくさん知っていることよりも、基本機能をどう組み合わせてアウトプットするかをしっかりと意識し、それらをうまく手順化するスキルの方が大切なのです。

　これを踏まえ、この章では、VLOOKUP 関数と組み合わせると**特に効果の高い5つの関数**を厳選してご紹介します。

　組み合わせることで、たとえば次のような業務に効果を発揮します。

> ☐ 社員番号や整理番号など、あるデータをキーにして、関連するデータを大量に抽出したい
> ☐ 管理職用の賞与と一般社員用の賞与のデータなど、複数のマスターからデータを転記したい
> ☐ 縦と横のマトリクス表から、条件に合うデータを探して自動転記したい

　それでは、最強関数ベスト5との組み合わせ方を解説していきます。

2 COLUMN 関数と組み合わせて大量データもラクラク自動転記

３章で使った［図 14］（P57）において、VLOOKUP 関数をコピペした後、第３引数を手動で修正しましたね。

C2 セルは、

=VLOOKUP($A2, $F:$I, 3, 0)

D2 セルは、

=VLOOKUP($A2, $F:$I, 4, 0)

と、修正したことを覚えているかと思います。

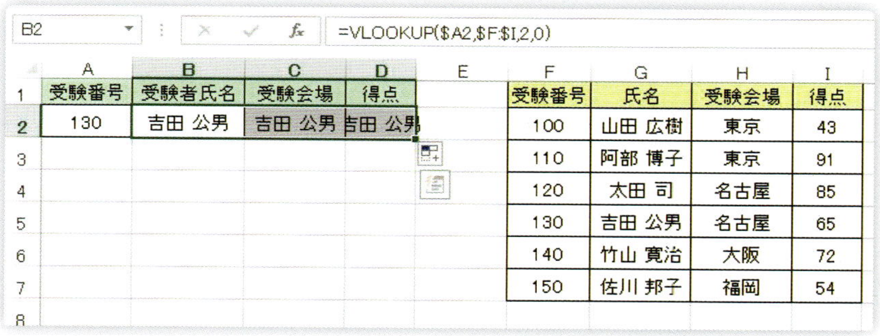

B2 =VLOOKUP($A2,$F:$I,2,0)

	A	B	C	D
1	受験番号	受験者氏名	受験会場	得点
2	130	吉田 公男	吉田 公男	吉田 公男

受験番号	氏名	受験会場	得点
100	山田 広樹	東京	43
110	阿部 博子	東京	91
120	太田 司	名古屋	85
130	吉田 公男	名古屋	65
140	竹山 寛治	大阪	72
150	佐川 邦子	福岡	54

［図14再掲］

しかし、この修正方法では、大量のデータを転記するのに莫大な時間がかかってしまいますね。

そこで、この第３引数の部分を自動で変更するために、**COLUMN 関数**を利用します。

まず最初に、このCOLUMN関数について説明します。

シート上のどこでも結構ですので、**=COLUMN()** と入力してみてください。

カッコの中には何も入れないで、() だけでOKです。また、［図35］のように「 =C 」まで入力すると、関数の候補が出てきますので、ここから「COLUMN」を選択してダブルクリックしても入力できます。

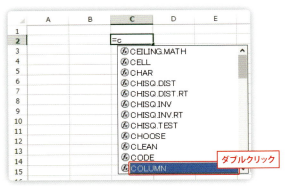

［図35］

何か数値が返されると思います。

その数値は、現在、COLUMN関数が入力されているセルが、**A列から数えて何列目にあたるか、というのを表す数値**です。A列に関数を入れたのであれば、どの行に入れても「1」を返しますし、B列に入れたのであれば「2」を、C列であれば「3」を返します。（［図36］参照）

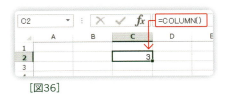

［図36］

ちなみに、**=ROW()** と入力すれば、列ではなく、**何行目なのかがわかります**。

たとえば、13行目に「 =ROW() 」と入力すれば、「13」が返されます。12を引き算すると、「1」になりますね。この「 =ROW()-12 」を22行目までコピーすると、行の途中からでも1から10までの連番を振ることができます。

この連番は、**途中で行を削除しても番号が飛ぶことがない**ので、実務でこのような連番が必要なときにはご利用ください。

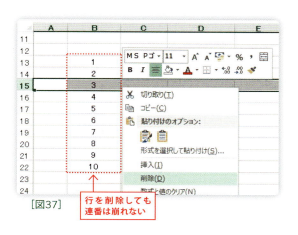

[図37]

行を削除しても
連番は崩れない

さて、COLUMN関数を組み合わせて、[図14]のVLOOKUP関数の横方向へのコピペを自動化してみましょう。

A2 セルに受験番号を入力すると、B2 セルに受験者名を返す VLOOKUP 関数式は、

=VLOOKUP($A2, $F:$I, 2, FALSE)

となりますね。（[図 38] 参照）

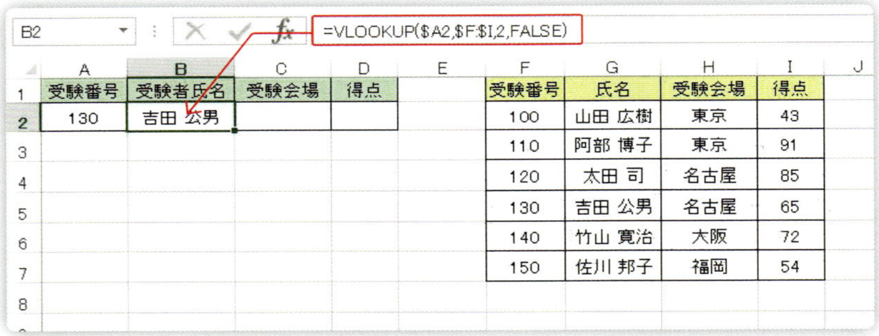

[図38]

ここで、第 3 引数の「2」を COLUMN 関数に置き換えます。

B2 セルに COLUMN 関数を入れたときに「2」が返されないといけないのですが、このケースでは特に足し算や引き算をすることなく、「COLUMN()」のみで「2」になりますね。

=VLOOKUP($A2, $F:$I, COLUMN(), FALSE)

とします。これで、第 3 引数は現在「2」です。

これを右方向にコピペすると、列が 3 列目、4 列目と変わっていくにつれて、COLUMN 関数の値も「3」、「4」と変わっていきます。

これで第3引数を手動で変更することなく、正しい値を得ることができるようになりました。（[図39] 参照）

| B2 | | | fx | =VLOOKUP($A2,$F:$I,COLUMN(),FALSE) | | | | | |

	A	B	C	D	E	F	G	H	I	J
1	受験番号	受験者氏名	受験会場	得点		受験番号	氏名	受験会場	得点	
2	130	吉田 公男	名古屋	65		100	山田 広樹	東京	43	
3						110	阿部 博子	東京	91	
4		コピペで正しい値が表示される				120	太田 司	名古屋	85	
5						130	吉田 公男	名古屋	65	
6						140	竹山 寛治	大阪	72	
7						150	佐川 邦子	福岡	54	
8										

[図39]

　B2のセルの第3引数に「3」など他の値を返したいときは、

=VLOOKUP($A2, $F:$I, COLUMN() ＋ 1, FALSE)

のように足し算や引き算をします。

ここまでのポイント

- **COLUMN関数は、A列から数えて何列目かを返す関数**
- **COLUMN関数と組み合わせることで、大量のデータを一気に自動転記できる**
- **関数は一部を入力すると 候補が自動で出てくるので、すべて丸暗記する必要はない**
- **何行目かを返すには ROW 関数を使う**

3 INDIRECT関数と組み合わせて複数の参照表から自動転記

　[図40] を見てみましょう。東京駅からの大人運賃と子供運賃の2つの参照表があります。「大人」と入力すると大人の運賃表を、「子供」と入力すると子供の運賃表を参照するといったように、参照表を切り替えて利用したい場合には、**INDIRECT関数**を利用します。

[図40] ダウンロード

　まずは、INDIRECT関数について説明します。
　たとえば、A5セルに「B2」と入力されているとします。C5セルに、INDIRECT関数、「 =INDIRECT(A5) 」と入力すると、「子供」という文字が返されます。（[図41] 参照）

[図41]

このINDIRECT関数は、まず、引数となっているA5セルを見に行きます。A5セルには「B2」とありますので、B2セルのデータ「子供」を返します。

「INDIRECT」というのは「間接的な」とか「遠回しの」という意味ですので、直接セルの値を返すのではなく、指定されたセルに記載されているセルや範囲を返します。最初は紛らわしいだけのように感じるかも知れませんが、これによって、セルやセル範囲を自在にコントロールすることができるようになります。

　INDIRECT関数でセル範囲を扱うときは、**セル範囲に名前を付けておくことがポイント**となります。［図40］で、大人の運賃表はセル範囲E3:F5、子供の運賃表はセル範囲E9:F11になりますので、この範囲にそれぞれ、「大人」、「子供」と名前を付けておきましょう。

　範囲指定して、画面左上の［名前ボックス］に付けたい名前を入力して Enter を押せば、任意の名前を付けることができます。
（［図42］参照）

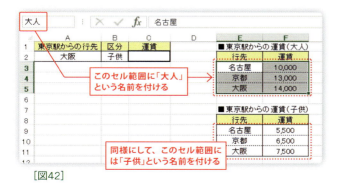

［図42］

　これで、VLOOKUP関数式の参照範囲を「 INDIRECT(B2) 」とすれば、

B2 セルに入力された「大人」か「子供」というデータから、「大人」と名付けた範囲か「子供」と名付けた範囲が返されるようになります。

　C2 セルに、
=VLOOKUP(A2, INDIRECT(B2), 2, FALSE)

と入力してください。

　A2 セルに行先を入力し、B2 セルに大人か子供かの区分を入力すれば、C2 セルに該当する運賃を自動転記する関数式の完成です。
（[図 43] 参照）

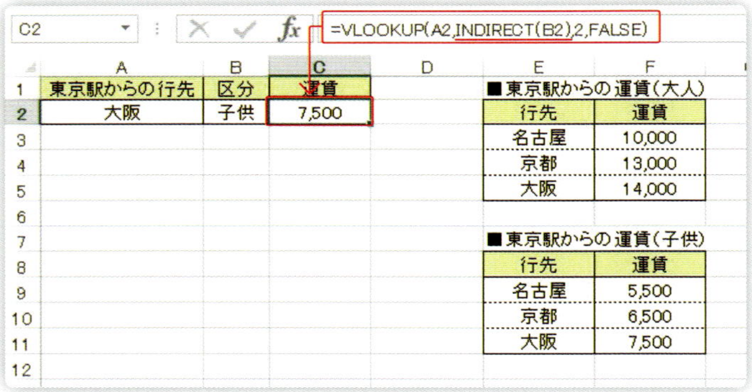

[図43]

ここまでのポイント

- INDIRECT 関数は、指定されたセルに記載されているセルや範囲を返す関数
- INDIRECT 関数と組み合わせることで、複数の参照表を切り替えることができる
- 範囲指定して、任意の名前を付けることができる

4 MATCH 関数と組み合わせて縦と横のマトリクス表から自動転記

［図 44］を見てみましょう。今度は、参照表が少しシンプルになりました。

	A	B	C	D	E	F	G
1	東京駅からの行先	区分	運賃		■東京駅からの運賃		
2	京都	大人			行先	大人	子供
3					名古屋	10,000	5,500
4					京都	13,000	6,500
5					大阪	14,000	7,500
6							
7							

［図44］ダウンロード

ここでは、A2 セルに行先を入力し、B2 セルに大人か子供かの区分を入力すれば、参照表の縦項目から「行先」を探し、横項目から「大人」か「子供」かを探し、その交点にある運賃データを自動転記するということを行います。

このように、縦と横のマトリクス表から自動転記させたいような場合には、**MATCH 関数**を利用します。

MATCH 関数は、**指定したデータを検索し、その範囲内で何個目にあるのかを返す関数**です。

まずは練習で、関数式を入力してみましょう。［図 44］のどこでもいいので、

=MATCH(B2, E2:G2, 0)

と入力してみてください。(MATCH 関数の最後の引数には「FALSE」

ではなく「0」を入れる、と覚えてください。)

　B2セルの「大人」というデータを、セル範囲E2:G2から探してきて、それが何個目にあるかを返します。
　この場合は、E2セル→F2セル→G2セルと順に探しますので、2個目のF2セルで見つけることになり、「2」を返します。これを、VLOOKUP関数式の第3引数「列番号」のところに使います。

　では、実際にMATCH関数とVLOOKUP関数を組み合わせてみましょう。

　まず、A2セルに入っている「京都」というデータを、セル範囲E2:G2の左端の列から探します。
　次に、B2セルの「大人」というデータを、セル範囲E2:G2から探します。ここで「2」が返されるので、最終的に、「京都」を見つけた位置から2列右にあるデータを持ってくる、というVLOOKUP関数式をつくります。

　よって、C2セルに入力する式は、
=VLOOKUP(A2, $E:$G, MATCH(B2, $E$2:$G$2, 0), FALSE)

となります。([図45] 参照)

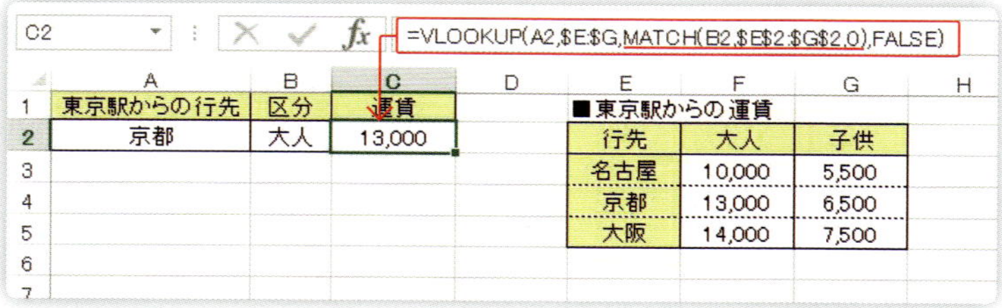

[図45]

参照表の縦を探すのは第1引数の「検索値」で、参照表の横を探すのは第3引数の「列番号」をMATCH関数を利用して、というのがポイントになります。

ここまでのポイント

- **MATCH関数は、指定したデータを検索し、その範囲内で何個目にあるのかを返す関数**
- **MATCH関数の最後の引数は、0（ゼロ）**
- **MATCH関数と組み合わせることで、縦と横のマトリクス表から、条件に合うデータを自動転記できる**

INDIRECT関数とMATCH関数を組み合わせることもできる

　応用として、INDIRECT関数とMATCH関数を組み合わせる方法もご紹介します。
　［図44-2］をご覧ください。

［図44-2］　ダウンロード

　A2セルに行先を入力し、B2セルに大人か子供かの区分を入力し、C2セルに特急か普通かの券種を入力すれば、大人か子供の参照表の縦項目から「行先」を探し、横項目から「特急」か「普通」かを探し、その交点にある運賃データを自動転記することができます。

　A2セルにある「京都」というデータを検索する参照表のセル範囲をINDIRECT関数で切り替え、さらにMATCH関数を使って、「特急」か「普通」が何列目にあるかを求め、それらの情報をVLOOKUP関数でまとめて処理する方法です。

　まずは、セル範囲に名前を付けておきましょう。

セル範囲 F3:H5 に「大人」セル範囲 F9:H11 に「子供」という名前を付けます。（[図 44-3] 参照)

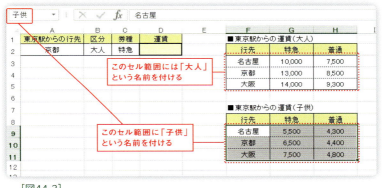

[図44-3]

　これで、「INDIRECT(B2) 」とすれば、B2 セルに「大人」と入力すると、その名前が付けられたセル範囲を参照表として切り替えることができるようになりますね。

　次は、MATCH 関数です。

　MATCH 関数は、指定したデータを検索し、その範囲内で何個目にあるのかを返す関数でしたね。

　参照表において、C2 セルに入力された「特急」というデータが何個目にあるのかを求めるには、「 MATCH(C2, F2:H2, 0) 」とします。これを、VLOOKUP 関数式の第 3 引数「列番号」のところに使います。

よって、D2 セルに入力する式は、

=VLOOKUP(A2, INDIRECT(B2), MATCH(C2, F2:H2, 0), FALSE)

となります。（[図 44-4] 参照）

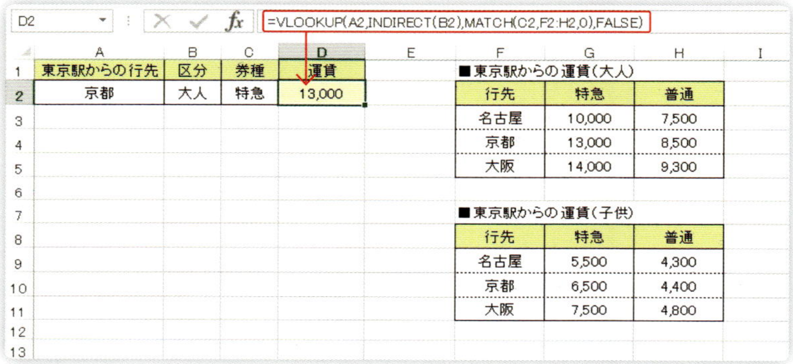

D2 =VLOOKUP(A2,INDIRECT(B2),MATCH(C2,F2:H2,0),FALSE)

東京駅からの行先	区分	券種	運賃
京都	大人	特急	13,000

■東京駅からの運賃（大人）

行先	特急	普通
名古屋	10,000	7,500
京都	13,000	8,500
大阪	14,000	9,300

■東京駅からの運賃（子供）

行先	特急	普通
名古屋	5,500	4,300
京都	6,500	4,400
大阪	7,500	4,800

[図44-4]

ここまでのポイント

- 「行先」「区分」「券種」など、複数のデータを VLOOKUP 関数で同時に検索できる
- INDIRECT 関数と MATCH 関数を組み合わせると、複数のマトリクス表を切り替えて条件に合うデータを自動転記できる

IF関数と組み合わせて #N/Aエラーを回避

IF関数は、VLOOKUP関数だけでなく、さまざまな関数と組み合わせて広い用途で使うことができる便利な関数です。

ここでは、VLOOKUP関数を使うようになると、必ず目にすることになる、**#N/Aエラー**を、IF関数を用いて表示しないようにする方法をご紹介します。この方法を覚えておけば、お客さんや上司に資料を提出するときなどに見映えも悪くなりませんし、式を消す必要もないので便利です。

たとえば、3章［図32］（P73）のB6セルやC6セルに#N/Aエラーが出ていましたが、これを、IF関数を組み合わせることによって非表示にすることができます。

［図32再掲］

まず、IF関数の使い方ですが、条件分岐をさせたいとき、すなわち、**条件を満たした場合と満たさない場合とで処理を変えたいとき**に使用します。

式は、「**=IF(○○ , △△ , □□)** 」となり、

「もし、○○だったら、△△しなさい。そうでなければ、□□しなさい。」という意味になります。

たとえば、「もし雨が降ったら傘をさしなさい。そうでなければ、帽子をかぶりなさい。」という意味のIF関数をつくると、

=IF(雨が降る , 傘をさす , 帽子をかぶる)

となります。

ですので、「もし、VLOOKUP関数でエラーが出たら、何も表示しないようにしなさい。そうでなければ、VLOOKUP関数で返された値を表示しなさい。」という意味のIF関数をつくると、

=IF(VLOOKUP関数でエラーが出た , 何も表示しない , VLOOKUP関数で返された値を表示する)

となりますね。

ここで、最初の「VLOOKUP関数でエラーが出た」かどうかを判断するのに、**ISERROR関数**という別の関数を使います。これの使い方は簡単で、「 ISERROR(VLOOKUP(…)) 」とするだけです。

「何も表示しない」というのは、ダブルクォーテーションマーク2つを並べて「""」とすればいいので、先ほどのIF関数は、

=IF(ISERROR(VLOOKUP(…)),"", VLOOKUP(…))

と書き換えることができます。

［図 32］ の B6 セルの関数は、

=VLOOKUP($D6&$A$2, $E:$K, 5, FALSE) なので、これを先ほどの IF 関数式にあてはめて、

=IF(ISERROR(VLOOKUP($D6&$A$2, $E:$K, 5, FALSE)),"", VLOOKUP($D6&$A$2, $E:$K, 5, FALSE))

で完成です。これを、C6 セルにコピーし、第 3 引数を「5」から「7」に修正します。

そして、セル範囲 B6:C6 を、B2:C2 まで コピーすると、［図 46］ のように、A2 セルに「第 2」と入れても「第 3」、「第 4」と入れてもエラーが表示されなくなります。

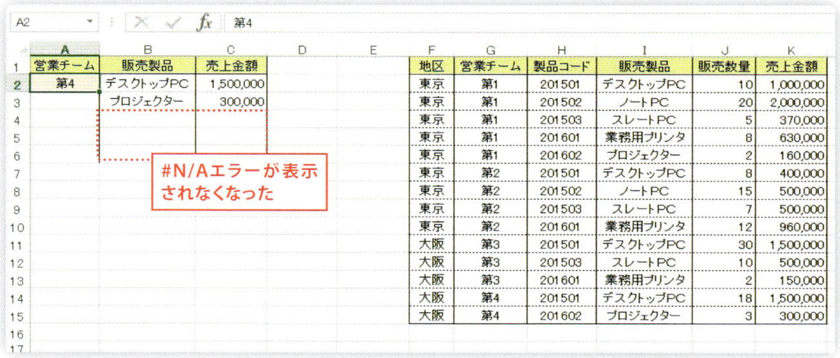
A2 第4

営業チーム	販売製品	売上金額
第4	デスクトップPC	1,500,000
	プロジェクター	300,000

地区	営業チーム	製品コード	販売製品	販売数量	売上金額
東京	第1	201501	デスクトップPC	10	1,000,000
東京	第1	201502	ノートPC	20	2,000,000
東京	第1	201503	スレートPC	5	370,000
東京	第1	201601	業務用プリンタ	8	630,000
東京	第1	201602	プロジェクター	2	160,000
東京	第2	201501	デスクトップPC	8	400,000
東京	第2	201502	ノートPC	15	500,000
東京	第2	201503	スレートPC	7	500,000
東京	第2	201601	業務用プリンタ	12	960,000
大阪	第3	201501	デスクトップPC	30	1,500,000
大阪	第3	201503	スレートPC	10	500,000
大阪	第3	201601	業務用プリンタ	2	150,000
大阪	第4	201501	デスクトップPC	18	1,500,000
大阪	第4	201602	プロジェクター	3	300,000

［図46］

なお、IF 関数と VLOOKUP 関数の組み合わせ方法を覚えていただくために、ここではあえて「 ISERROR 」という関数を使いましたが、Excel 2007 以降では **「 IFERROR 」** という関数が使え、この処理をより簡単にできるようになっています。

この関数は、「 =IFERROR(○○ , △△) 」で、
「もし○○でエラーが出るなら△△しなさい。エラーでない場合は、そのまま○○しなさい。」という意味になります。

ですので、「もし、VLOOKUP 関数でエラーが出たら、何も表示しないようにしなさい。エラーでない場合はそのまま VLOOKUP 関数で返された値を表示しなさい。」としたい場合は、

=IFERROR(VLOOKUP(⋯),"")

とするだけで用が足ります。

[図 46] の B6 セルの関数式は、

=IFERROR(VLOOKUP($D6&$A$2, $E:$K, 5, FALSE),"")

とするだけでよくなります。エラー非表示のためだけなら、こちらを使うのがいいでしょう。

ここまでのポイント

- IF 関数は、条件を満たした場合と満たさない場合とで処理を変えたいときに使う関数
- IF 関数と ISERROR 関数を組み合わせると、VLOOKUP 関数のエラーを非表示にすることも可能
- エラー非表示のためだけなら、IFERROR 関数が効果的（Excel 2007 以降）

7 OFFSET関数と組み合わせて参照表を自動的に拡大

VLOOKUP関数の第2引数で扱う参照表は、変更されないとは限りません。

たとえば、製品コード表であれば、新製品のコードを追加したり、古い製品のコードを消したりしますし、コード自体を変更するかも知れません。

前回使った［図46］（P97）であれば、東京・大阪以外に「福岡」が増えて縦に大きくなることもありえますし、「担当者」欄などを追加して横方向に大きくなることもありえますね。（［図47］参照）

地区	営業チーム	製品コード	販売製品	販売数量	売上金額
東京	第1	201501	デスクトップPC	10	1,000,000
東京	第1	201502	ノートPC	20	2,000,000
東京	第1	201503	スレートPC	5	370,000
東京	第1	201601	業務用プリンタ	8	630,000
東京	第1	201602	プロジェクター	2	160,000
東京	第2	201501	デスクトップPC	8	400,000
東京	第2	201502	ノートPC	15	500,000
東京	第2	201503	スレートPC	7	500,000
東京	第2	201601	業務用プリンタ	12	960,000
大阪	第3	201501	デスクトップPC	30	1,500,000
大阪	第3	201503	スレートPC	10	500,000
大阪	第3	201601	業務用プリンタ	2	150,000
大阪	第4	201501	デスクトップPC	18	1,500,000
大阪	第4	201602	プロジェクター	3	300,000

参照表が拡大しても自動的に対応できるようにする

［図47］

そういった場合は、VLOOKUP関数式の第2引数「参照表」の範囲を変更しないと、意図したデータを自動転記できなくなってしまいます。「列」で範囲指定していれば、縦方向への拡大には対応できますが、ここでは、縦横どちらに拡大しても対応できる参照表指定テクニックをご紹介します。

それには、**OFFSET 関数**という関数を利用します。この関数は、範囲を可変にしたいときによく出てくる関数で、VLOOKUP 関数との組み合わせ以外でも便利に使えるので、ここで覚えておきましょう。

この関数は、
=OFFSET(開始セル，移動する行数，移動する列数，高さ，幅)

という式で、指定したい範囲を自由に変えられる関数です。
わかりやすい例として、SUM 関数の範囲に使ってみましょう。

=SUM(OFFSET(A1, 1, 2, 3, 4))

としてみます。これは、

「A1 セルからスタートして、1 行、2 列分移動したセルを基点とし、高さ 3 セル分、幅 4 セル分を範囲とする領域にある数値を足し算しなさい」という意味になります。（[図 48] 参照）

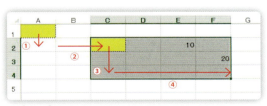

[図48]

このセル範囲 C2:F4 の領域には、「10」と「20」が入力されていますので、これらをすべて足し算した結果「30」を返すことになります。

実務では、「1 行、2 列分移動したセルを基点とし」という部分は、省略するか「0」にするパターンが多いです。

そして、「高さ３セル分、幅４セル分」という部分にさらに別の関数を使うと範囲を可変にすることができます。

　そこで登場するのが、**COUNTA 関数**です。

　COUNT 関数は、**数字の個数**を数えるのですが、この COUNTA 関数は、数字であっても文字であっても、たとえスペースであっても、**何かが入力されていればその個数**を数えます。

「高さ３セル分」というのを、常に縦の項目数だけカウントさせるには、縦項目の数を数える COUNTA 関数 **COUNTA(A:A)** を引数にします。正確には、項目欄はカウントさせないので、その分をマイナスして、**COUNTA(A:A) － 1** とします。

「幅４セル分」というのを、常に横項目数だけ参照させるには、横項目の数を数える COUNTA 関数 **COUNTA(1:1)** を引数とします。

　それでは、OFFSET 関数を使ったセル範囲を VLOOKUP 関数に組み合わせてみましょう。シンプルな［図 38］（P84）で作成した VLOOKUP 関数式を変形してみます。

	A	B	C	D	E	F	G	H	I	J
1	受験番号	受験者氏名	受験会場	得点		受験番号	氏名	受験会場	得点	
2	130	吉田 公男				100	山田 広樹	東京	43	
3						110	阿部 博子	東京	91	
4						120	太田 司	名古屋	85	
5						130	吉田 公男	名古屋	65	
6						140	竹山 寛治	大阪	72	
7						150	佐川 邦子	福岡	54	
8										

B2　＝VLOOKUP($A2,$F:$I,2,FALSE)

[図38再掲]

この場合、参照表はセル範囲 F2:I7 の領域になります。

OFFSET 関数の引数に対応させて表現すると、「F2 セルからスタートして、0 行、0 列分移動したセルを基点とし、高さ 6 セル分、幅 4 セル分の領域」となりますので、

OFFSET(F2, 0, 0, 6, 4)

と表すことができます。

これを、縦横どちらの方向にデータを追加しても、追随して指定範囲が拡大するように、「6」と「4」の部分を COUNTA 関数を用いて修正します。

まず、縦方向については、「 COUNTA(F:F) － 1 」で常に F 列のデータの個数を数えて項目欄 1 個をマイナスした数値を返します。

横方向についてはどうでしょうか。
「 COUNTA(1:1) 」で常に 1 行目のデータの個数を返しますが、A1 セルから D1 セルまで、参照表とは別の 4 個の項目がありますので、これをマイナスする必要があります。ですので、横方向は **COUNTA(1:1) － 4** となります。

これらを OFFSET 関数の引数にあてはめると、［図 38］での参照表範囲は、

OFFSET(F2, 0, 0, COUNTA(F:F) － 1, COUNTA(1:1) － 4)

と表すことができます。

よって、B2 セルに入れる VLOOKUP 関数式は、

**=VLOOKUP(A2, OFFSET(F2, 0, 0, COUNTA(F:F) － 1, COUNTA(1:1)
－ 4), 2, 0)**

とすれば完成です。（［図 38-2］参照）

	A	B	C	D	E		F	G	H	I	J
1	受験番号	受験者氏名	受験会場	得点			受験番号	氏名	受験会場	得点	
2	130	吉田 公男					100	山田 広樹	東京	43	
3							110	阿部 博子	東京	91	
4							120	太田 司	名古屋	85	
5							130	吉田 公男	名古屋	65	
6							140	竹山 寛治	大阪	72	
7							150	佐川 邦子	福岡	54	
8											

B2　＝VLOOKUP(A2,OFFSET(F2,0,0,COUNTA(F:F)-1,COUNTA(1:1)-4),2,0)

［図38-2］

ここまでのポイント

- **OFFSET 関数は、指定したセル番地やセル範囲を返す関数**
- **OFFSET 関数は、COUNTA 関数と組み合わせてセル範囲を可変にできる**
- **OFFSET 関数と VLOOKUP 関数を組み合わせると、参照表を自動的に拡大できる**

以上、4章では、VLOOKUP関数に他の関数を組み合わせて、より便利に幅広く活用できる事例をご紹介しました。

　ここまで解説してきたように、Excelは、同一ファイルの中や少数の別ファイルから表のデータを集計したり分析したりすることは得意なのですが、**実は、複数の別ファイルにあるデータを1つのファイルに集約することがあまり得意ではありません**。

　次の5章では、このExcelの弱点を克服して、さらに転記撲滅を加速するためのオリジナルテクニックをご紹介します。

5章

ここで差がつく自動集約術

～CSVファイルを駆使して、バラバラのファイルを1つにまとめる～

1 Excelはバラバラのファイルを1つにまとめるのが苦手

　3〜4章で解説してきたように、Excelは、同一ファイルの中や少ない数の別ファイルから表のデータを集計したり分析したりすることは得意なのですが、複数の別ファイルにあるデータを1つのファイルに集約することが苦手です。

　これがExcelの大きな弱点とも言えるのですが、ここを克服することができれば、実務への活用の幅が大きく拡がります。

　営業部門の方、部下に日報を書かせて集めた後、重要なデータのみ、別の管理シートに手動で集約していませんか？

　管理部門の方、勤怠表シートを社員からメール添付で集めて印刷し、合計欄の情報を別のExcelファイルに手動で転記し、かつ、複数人数で読み合わせしていませんか？

　企画部門の方、たくさんある営業所ごとの売上、利益等のデータをそれぞれの担当者からバラバラにメールで集め、計算機で計算して転記していませんか？

　それ、全部自動でできます！

　この章では、**CSV形式での保存を利用**して、Excelの苦手とする、バラバラのファイルにあるデータの集約をラクに実現する裏ワザを伝授します。

2 | バラバラのファイルの自動転記で 活躍するのは「＝（イコール）」

バラバラのファイルの自動転記で活躍するのは**「＝（イコール）」**です。

「＝」でつなぐだけで、リンク式として、別のシートからでも別のファイルからでも簡単に数字や文字を持ってくることができます。

たとえば、パソコンの C ドライブ直下に「EXCELJYUTSU」というフォルダがあり、その中にファイル「SAMPLE1.xlsx」と「SAMPLE2.xlsx」いう 2 つのファイルがあるとします。

もう 1 つ、別の新しいファイル「NEW.xlsx」を作成し、これの A1 セルと A2 セルに、「SAMPLE1.xlsx」の B5 セルにあるデータと、「SAMPLE2.xlsx」の C3 セルにあるデータをそれぞれ持ってくるとします。

やり方はとても簡単です。まず、「SAMPLE1.xlsx」「SAMPLE2.xlsx」「NEW.xlsx」の 3 ファイルをすべて開いておきます。次に、「NEW.xlsx」の A1 セルに「＝」と入力し、「SAMPLE1.xlsx」の B5 セルをクリックします。そうすると、「NEW.xlsx」の A1 セルに次のような式が表示されるかと思います。

=[SAMPLE1.xlsx]Sheet1!$B$5

この式が表示され、Enter を押せば転記完了です。同様に、「NEW.xlsx」の A2 セルに「＝」と入力して「SAMPLE2.xlsx」の C3 セルをクリックして転記しましょう（[図 49] 参照）。できたら、すべてのファイルを保存して閉じてください。

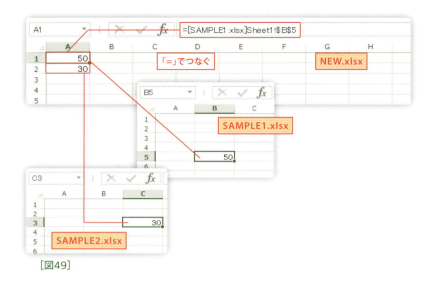

［図49］

　なお、保存した後、「NEW.xlsx」を再度開くと、リンクを更新するか聞いてきます。［更新する］をクリックすると、A1セルのリンク式が「='C:¥EXCELJYUTSU¥[SAMPLE1.xlsx]Sheet1'!$B$5」に変わります。

　ここで使った「SAMPLE1.xlsx」と「SAMPLE2.xlsx」がバラバラのファイル、「NEW.xlsx」が集計表のイメージです。
　先ほど挙げた営業日報のケースで考えると、部下があなたに提出する日報ファイルが、「SAMPLE1.xlsx」と「SAMPLE2.xlsx」です。それぞれ、B5セル、C3セルに転記したい重要なデータが入っていて、それを集約する管理ファイルが、「NEW.xlsx」になります。

　勤怠表のケースで考えると、社員からメール添付で集める勤怠表ファイルが、「SAMPLE1.xlsx」と「SAMPLE2.xlsx」になり、その合計欄の情報を転記するファイルが「NEW.xlsx」です。
　バラバラのファイルの自動転記方法のイメージは持っていただけたでしょうか。

しかし、社員が2人ならこの方法でできても、200人、500人になったら、一つひとつ手作業で「＝」でつなぐリンク式なんて作成できないよ…

　そんなふうに思った方も多いかと思います。

「SAMPLE1.xlsx」から「SAMPLE500.xlsx」まで500人分のファイルがあったとしたら、「NEW.xlsx」に手作業でリンクを貼っていくなんて到底できないですよね。

　このリンク式を、簡単に大量作成してしまうのが自動集約のテクニックになります。このワザは私のオリジナルなので、一般的なExcel解説書には載っていません！　読者のみなさんだけにこっそりお教えします。

ここまでのポイント

- Excelは「複数の別ファイルにあるデータの集約」が苦手だが、簡単にできる方法がある
- バラバラのファイルのリンクは「＝（イコール）」でつなぐことが基本

3 バラバラのファイルの自動転記は3ステップ

先ほど、「バラバラのファイルのリンクを＝（イコール）でつなぐ」ところまでやりましたが、すべて手作業でリンクを貼っていくのはとても非効率なので、リンク式を自動で大量に作成する方法をご紹介します。

ちなみに、バラバラのファイルを自動転記する方法は以下の3ステップです。

- ステップ1. リンク式を"文字列"の式で作成する
- ステップ2. CSV形式で保存してファイルリンクの式に変換する
- ステップ3. ExcelでCSVファイルを開いて書式を整える

このうちのステップ1が、「リンク式を自動で大量に作成する方法」に該当しますので、まずはこちらからご紹介していきます。

なおここでは、［図50］〜［図50-3］のように、提出されたファイルが「報告書1.xlsx」、「報告書2.xlsx」、データを集約するファイルを「集計表.xlsx」として進めます。（格納場所はパソコンのCドライブ直下の「報告書まとめ」というフォルダとします）

［図50］〜［図50-3］　ダウンロード

「集計表.xlsx」のA列には**「ファイル名」**、1行目には各ファイルから

参照する**「セル番地」**を入力します。これがリンク式を自動作成するためのフォーマットになります。また「報告書1.xlsx」、「報告書2.xlsx」を見ていただくとわかりますが、**「自動転記したいデータは、共通のセルに入っている必要がある」**というのがルールになります（ここではA2セルとB2セル）。集めるファイルのフォーマットがバラバラだとこのワザは使えませんので、これを機に共通化されることをおすすめします。

ステップ1. リンク式を"文字列の式"で作成する

　まずはP107と同じ要領で、「集計表.xlsx」のB3セルに、「＝」を入力し、「報告書1.xlsx」のA2セルをクリックしましょう。完了したら、「集計表.xlsx」を上書き保存してすべてのファイルを閉じ、「集計表.xlsx」を再度開きます。B3セルには以下の式が入っていますね。

='C:¥ 報告書まとめ ¥[報告書 1.xlsx]Sheet1'!$A$2

　リンク式を大量に自動作成するには、式をコピペしたときに、変動する部分が自動的に変わるようにしておく必要があります。
「報告書1.xlsx」、「報告書2.xlsx」のようにファイル名が異なりますし、参照するデータの入っているセルも複数あります（A2セルとB2セル）。よって、下記の赤い部分を可変にしておく必要があります。

='C:¥ 報告書まとめ ¥[報告書 1.xlsx]Sheet1'!$A$2

　このままコピペしても、変えたい部分は変わりませんので、まずリンク式を、**「文字列の式」**という形にする必要があります。
　このリンク式を「文字列の式」にすると、

="='C:¥ 報告書まとめ ¥[報告書 1.xlsx]Sheet1'!$A$2"
(頭に「＝」を追加し、ダブルクォーテーションマーク「""」で挟む)

となります。まずはこの形を覚えてください。

　次に、式の中で、変動させたい部分とそうでない部分をダブルクォーテーションマーク「""」で分けます。間には、「&」を使います。
　さらに、変動させたい部分を、「集計表.xlsx」に記載しているセルからリンクするように書き換えます。

　下記のような式になります。

　A3セルは横方向にコピペしたときに固定、B1セルは縦方向にコピペしたときに固定にしたいので、「A」の左、「1」の左にそれぞれ「$」を付けます。

="='C:¥ 報告書まとめ ¥["&$A3&".xlsx]Sheet1'! "&B$1

　これで、式をコピペできるようになりましたので、C4セルまでコピーして上書き保存しておいてください。

	A	B	C	D	E	F	G
1		A2	B2				
2		数字1	数字2				
3	報告書1	='C:¥報告書	='C:¥報告書まとめ¥[報告書1.xlsx]Sheet1'!B2
4	報告書2	='C:¥報告書	='C:¥報告書まとめ¥[報告書2.xlsx]Sheet1'!B2
5							
6							

［図51］

ステップ2. CSV形式で保存して
　　　　ファイルリンクの式に変換する

　ステップ1で、リンク式を文字列の式に変換しました。これによって、リンク式をコピーでいくつでも作成できるようになりました。
　後は、この文字列の情報を「リンクの数式」に逆変換すれば、リンク式が復活します。この作業には **CSV形式の保存** を使います。

　[図51] のファイルを、CSV形式で保存（「集計表.csv」とする）します。保存しようとすると、ブックの一部の機能が失われる可能性がある旨のメッセージが出ますが、[はい] をクリックして保存してください。([図52] 参照)

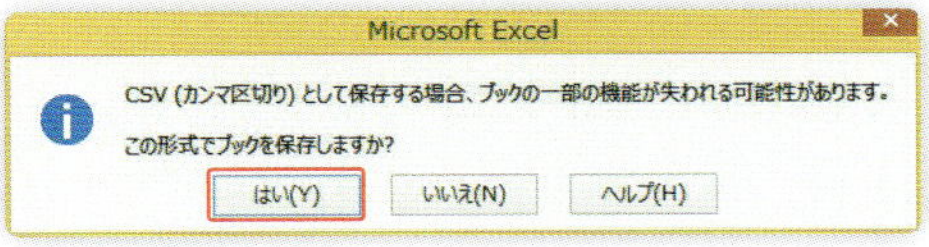

[図52]

　ファイルを閉じる際、「集計表.csv の変更内容を保存しますか？」と聞いてきますが、そこでは「保存しない」で結構です。

ステップ3．ExcelでCSVファイルを開いて書式を整える

　先ほど保存した「集計表.csv」ファイルを、今度は新規で起動したExcelの［ファイル］→［開く］メニューから開いてください（［すべてのファイル（*.*）］を選択するとCSVファイルが選択できるようになります）。リンクの更新をするかどうか聞いてきますので、［更新する］をクリックしてください。

　［図53］のように、先ほど文字列でつくったリンク式が、通常のファイルリンクの数式に戻って、「報告書1.xlsx」と、「報告書2.xlsx」の指定したセルの値を自動転記しています。
　ここで、このファイルを「集計表update.xlsx」と、名前を付けて保存しておいてください。

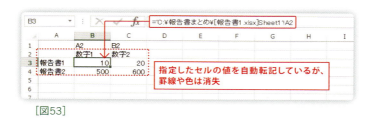

［図53］

　ただ、よく見ていただけるとわかりますが、セル範囲A2:C4に適用していたはずの罫線や色が消えています。

　これを復活させます。まず、元の「集計表.xlsx」を開いてシート全体を選択し、Ctrl＋Cでコピーしてください。（［図54］参照）

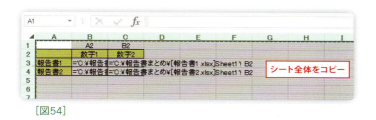

［図54］

　次に、「集計表update.xlsx」の［ホーム］→［貼り付け］の下の［▼］→［その他の貼り付けオプション］の一番左にある［書式設定］をクリックして書式のみを貼り付けて完成です。
（［図54-2］［図54-3］参照）

［図54-2］　　　　　［図54-3］

　ここまでの3ステップが、バラバラのファイルの自動転記の流れになります。

　1度すべてのリンク式を、CSVファイルを介した「集計表update.xlsx」でつくってしまえば、後から「報告書1.xlsx」や「報告書2.xlsx」のデータが変更されたとしても、「集計表update.xlsx」を開いてリンクを更新するだけでその変更が反映されます。

最後に、なぜ CSV ファイルを介せば文字が数式に変わるのか、について説明します。

CSV 形式で保存すると、数式や書式情報はすべて失われ、単なる文字データとして保存されます。

Excel 上でつくった文字列の式、

= "=C':¥ 報告書まとめ ¥["&A3&".xlsx]Sheet1'!"&B1

は、CSV 形式に置き換わる際に、A3 セルと B1 セルに記載された値をつなげた、

='C:¥ 報告書まとめ ¥[報告書 1.xlsx]Sheet1'!A2

という文字データとして認識され保存されます。

このファイルを Excel で再度開くと、Excel は、「＝」が前に付いた前述の文字列を計算式として認識しますので、その結果、正しいファイルリンクの式が再生される、というわけです。

ただ、いったん CSV 形式で保存することによって、もともと設定されていた書式情報は失われてしまうので、CSV 形式で保存する前の XLSX 形式のファイルから書式のみをコピペで持ってきます。

ここまでの流れを図で簡単にまとめておきますので、仕組みをご理解ください。（[図 55] 参照）

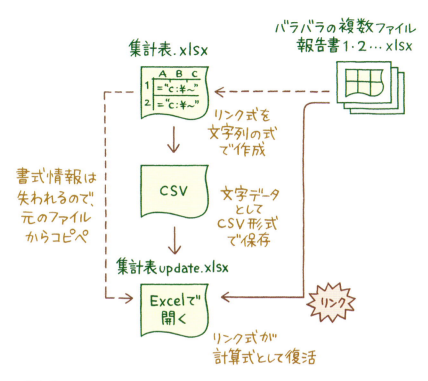

[図55]

> **ここまでのポイント**
>
> - バラバラのファイルの自動転記は次の3ステップで実現できる
>   1. リンク式を"文字列の式"で作成する
>   2. CSV形式で保存してファイルリンクの式に変換する
>   3. ExcelでCSVファイルを開いて書式を整える

営業所ごとの売上、利益データを集めて1つのファイルに集約してみよう

それでは、実際の業務に近い例でやってみましょう。

あなたは営業企画部門の担当者です。毎月、各営業所の売上、コスト、利益の見込みデータを各所長からメール添付で送ってもらい、サマリー表にまとめなおさなければなりません。

所長が入力するフォーマットは、売上のデータがSheet1のA2セルに、コストはB2セルに、利益はC2セルに記載されるようにしてあります。

ファイル名は、「秋葉原営業所.xlsx」のように、各営業所名になっています。営業所は全国200ヶ所以上あり、自動転記でまとめたいと思っています。

ここでは、秋葉原、新宿、渋谷、池袋、上野の5営業所の4月のデータを「サマリー表.xlsx」に集約する手順を解説します。
（[図56] ～ [図56-5] 参照）

各営業所からメール添付で送られてきたファイルは、パソコンのCドライブ直下の「4月営業所まとめ」というフォルダに格納することとします。

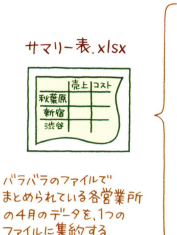

[図56]〜[図56-5]

それでは、さっそくサマリー表の作成に取りかかりましょう。

まずはイメージを持っていただきたいので、試しに営業所のファイルをいくつかリンク式で作成してみます。ここでは、「秋葉原.xlsx」と「新宿.xlsx」の情報をリンクしてみます。「秋葉原.xlsx」と「新宿.xlsx」のファイルを開いておきましょう。

Excelファイルを「4月営業所まとめ」フォルダ内に新規作成して、A1セルに「＝」と入力し、「秋葉原.xlsx」のA2セルをクリックすれば、

=[秋葉原営業所 .xlsx]Sheet1!$A$2

という式が入力され、秋葉原営業所の4月の売上額を持ってくることができます。右隣に、コスト、利益の情報が入っているので、＄マー

クを外して、右にC1セルまでコピペしてください。

　[図57]のように、秋葉原営業所の売上、コスト、利益データを持ってこられましたか？

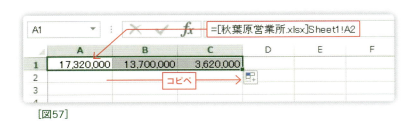

[図57]

　同様に、A2セルからC2セルに新宿営業所のデータも持ってきてください。

　そして、ここまでできたら、秋葉原営業所と新宿営業所のファイルを閉じ、新規作成したファイルを「サマリー表元.xlsx」という名前で保存してファイルを閉じ、再度開いてください。

　リンクを更新して[図58]のようになったところで、1行目と2行目のリンク式を比較します。

[図58]

　まず、A1セルとA2セルに入っているリンク式を、それぞれ見てみましょう。

='C:¥4 月営業所まとめ ¥[秋葉原営業所 .xlsx]Sheet1'!A2
='C:¥4 月営業所まとめ ¥[新宿営業所 .xlsx]Sheet1'!A2

ですね。

　これからすべての営業所ファイルをリンクするにあたって、リンク式の中で赤字で示した部分だけが異なっているということがわかります。

　1列目と2列目ではどうなるでしょうか。
　A1セルとB1セルに入っているリンク式を、それぞれ並べてみます。

='C:¥4 月営業所まとめ ¥[秋葉原営業所 .xlsx]Sheet1'!A2
='C:¥4 月営業所まとめ ¥[秋葉原営業所 .xlsx]Sheet1'!B2

　これにより、リンク式の中で、**縦方向ではファイル名**、**横方向ではセル番地**だけが変化していることがわかりますね。

　それでは実際に、すべての営業所のファイルからデータを集約してみましょう。先ほど作成した式はあらかじめどこかのセルに避難しておき、「サマリー表元 .xlsx」のフォーマットを［図 59］のように作成しておきます。

[図59] ダウンロード

ここでB3セルに秋葉原営業所の売上のリンク式

='C:¥4月営業所まとめ¥[秋葉原営業所.xlsx]Sheet1'!A2

を入れます。

このリンク式を、変動部分と固定部分に分けた文字列の式に書き換えると、

= "='C:¥4月営業所まとめ¥["&" 秋葉原 "&" 営業所.xlsx]Sheet1'!"&"A2"

となります。

赤字部分「秋葉原」をA3セル、「A2」をB1セルからリンクで持ってきます。セル番地に書き換えてください。

= "='C:¥4月営業所まとめ¥["&A3&" 営業所.xlsx]Sheet1'!"&B1

この文字列の式を［図59］のB3セルに入れます。

　A3セルは横方向にコピペしたときに固定、B1セルは縦方向にコピペしたときに固定したいので、「A」の左、「1」の左にそれぞれ＄マークを付けてD7セルにまでコピペします。（［図60］参照）

［図60］

この状態で上書き保存し、そのまま同名でCSV形式でも保存します。

　この「サマリー表元.csv」をExcelの［ファイル］→［開く］から開き、リンクを［更新する］をクリックしてください。

　文字列がリンク式に戻って、各ファイルの各セル番地のデータを自動転記できました。（［図61］参照）
　これを「サマリー表.xlsx」という名前にして保存してください。

［図61］

書式は失われていますので、元ファイル「サマリー表元 .xlsx」から書式のみをコピペして完成です。（[図 62] 参照）

	A	B	C	D	E
1		A2	B2	C2	
2	営業所名	売上計	コスト計	利益計	
3	秋葉原	17,320,000	13,700,000	3,620,000	
4	新宿	24,650,000	20,050,000	4,600,000	
5	渋谷	23,000,000	18,000,000	5,000,000	
6	池袋	10,000,000	8,500,000	1,500,000	
7	上野	15,500,000	12,700,000	2,800,000	
8					
9					

[図62]

　この方法を知っていれば、大量の別ファイルにあるデータも簡単に 1 つのファイルに自動転記することができます。

　また、いったんこのような集計表に必要なデータを集約して、それを元表として、VLOOKUP 関数で他のファイルに自動転記することもできます。

　たとえばこの例であれば、利益率の低い営業所をいくつかピックアップして別のレポートをつくることも考えられます。
　集計表の営業所名を検索値として、「利益計」のデータを持ってきてコメントなどを新たに付け足せば、営業所ごとのレポートを作成できますね。（[図 63] 参照）

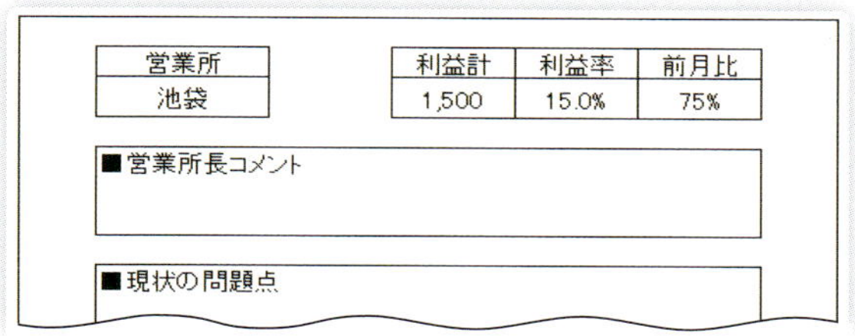

営業所		利益計	利益率	前月比
池袋		1,500	15.0%	75%

■営業所長コメント

■現状の問題点

[図63]

ここまでのポイント

- リンク式を、""（ダブルクォーテーション）と＆（アンド）を駆使して文字列の式に変換する
- リンク式の中で変化する部分だけ変数化する
- CSV 形式で保存して Excel から開くと元のリンク式に戻る

ビジネスの現場でよく起こっているのは、個々のファイルはメール等で電子データとして受けとっても、結局それを一つひとつ開いてその中の必要なデータを別の集計表に手で転記する作業です。

　この章で解説した方法をマスターすれば、そのようなわずらわしい手作業を削除することができます。

　また、この方法でリンク式を事前に作成しておけば、まだ送られてきていないファイルについてはリンクできないため、**#REF! エラー**が表示されます。このエラーを利用することによって、未提出者のチェックまで自動的にできてしまいます。一石二鳥ですね。

　この章までで、本書の大きなテーマである「転記撲滅」については、ひとまず完了です。6 章以降では、ECRS の考え方を Excel に応用する事例をさらにご紹介して、より効果的に Excel を実務に活用していただくためのヒントを提示していきます。

6章

無駄な作業をどんどん削除して
もっと業務を効率化しよう

〜マクロ、ゴールシーク、クリップボード〜

1 【E（削除）】自動化とやり方の工夫で不毛な作業を無くそう

　前章まで、転記業務を Eliminate（削除）するためのテクニックを軸に詳しくお伝えしてきましたが、読者のみなさんには、ご自身で ECRS の考え方を Excel に応用してどんどん使い方を工夫していってほしいと思います。

　そこで、今後の参考としてもらうために、6 〜 8 章で、ECRS の考え方を Excel に適用した際の事例を、重要機能と対応させていくつかご紹介していきます。

　この章の重要機能は、「E（削除）」に役立つ別機能、**「マクロ」**、**「ゴールシーク」**、**「クリップボード」**です。
　特に次のような業務に効果的です。

マクロ
- □「仕事を始めるときにいつも同じファイルを複数開く」、「あるセル範囲に、いつも決まった色やフォントを適用している」など、決まってやる業務を自動化したい

ゴールシーク
- □「利益率を●％向上するためには、年内何個の販売が必要か」などの「逆算」や「シミュレーション」をしたい

クリップボード
- □「日報をまとめて週や月のレポートを作成する」など、コピペを多用してデータをまとめる業務をもっとラクにやりたい

　それでは、「マクロ」からご紹介していきます。

2 繰返し作業を削除する「マクロ」の基本をマスターしよう

（1）マクロは難しくない

「マクロ」と聞くと、条件反射のように「難しいからいいや」と拒否反応を示してしまう方もおられるようです。

　セミナーをやっていても感じるのですが、同じ初心者対象のセミナーであっても、Excel セミナーの受講生と、マクロセミナーの受講生とでは、まったく別の方が来られることがほとんどで、「Excel」と「マクロ」が別物になっているような気がします。
「Excel がだいぶできるようになったから、次はプログラムの勉強としてマクロをやってみよう」という方が多いのでしょう。

　そうなると、プログラムの勉強をしたいと思わない限り、マクロには手を出さないことになります。これはとてももったいない話で、本来はExcel の機能の延長線上にマクロもあります。「コピペ」や「SUM 関数」などを勉強するのと同じ感覚でマクロも勉強してほしいと思っています。

　なぜなら、マクロがある程度できるようになると、**今まで何時間もかかっていた作業が 1 分でできる**、というような大きな効率化が可能になるからです。

　たとえば、1 日 3 時間かけて 100 枚のワークシートのタイトルとヘッダー、フッターを修正し、1 枚ずつ手動で印刷をかけるルーチン業務があるとします。（プリンタが印刷している時間は除きます。）
　1 ヶ月の営業日数を 20 日間とすると、月に、3 時間 ×20 日間＝ 60

6章　無駄な作業をどんどん削除してもっと業務を効率化しよう

時間もその業務に費やしていることになります。10人の担当者が同様の業務をしていたとすると、その10倍の600時間の工数が全体として毎月消費されています。

　この業務をマクロでやれば、1回あたり数秒でできてしまいます。もとより、担当者はマクロを実行させるだけですので、実質的な工数はほぼゼロです。毎月600時間がゼロになるのです。

　これは極端な例かも知れませんが、マクロはこのように「繰返し作業」を自動化し、業務を格段に効率化してくれます。実際、マクロを覚えて、今までやっていた業務が一気に10倍も20倍も速くなったという例はたくさんあります。

プログラムを勉強したい方でなくても、Excelを学習されるすべての方に、このマクロの威力を体感してもらいたいものです。

　マクロは特別な機能ではなく、［ホーム］タブに並んでいる他のアイコンのように、Excelのメニューの1つだと思ってください。現に、あなたが普段よく使っている機能で、マクロによく似た機能があります。

　何だと思いますか？

　それは、［元に戻す］と［やり直し］です。

　「あっ、間違えた」と思ったときには［元に戻す］ボタンをクリックしますよね。100回分の操作まで元に戻せるのですが、なぜこのようなことができるのかと言えば、Excelが、頼んでもいないのに勝手にあなたの操作手順を記録して覚えているからです。

　マクロは、この機能に少し付加価値をプラスしたものだと考えてください。その付加価値とは、次の3つです。

①操作の記録を開始したいタイミングと、記録を終了したいタイミングを指定できる
②その記録に名前を付けておき、好きなときに呼び出して再生することができる
③記録を修正することができる

要は、マクロとは、あなたのExcel操作を順番通りに記録して、いつでもそれを呼び出して再現できるレコーダー機能のことなのです。

　私は、この３つの特長を活かし、自動記述に少しのコードを付け加えるだけのお手軽なシンプルマクロのことを**「使い捨てマクロ」**と名付けて繰返し作業の低減に活用していますが、ここでは、その入り口部分となる、①と②について具体的に解説していきます。

（２）マクロの事前準備

　Excelの初期設定では、あえてマクロが使えないような設定にしてあります。これは、マクロウィルスの感染、拡大を防ぐための処置です。

　まず最初に、セキュリティ面に配慮しながら、マクロを使用できる環境を整えるための設定方法を説明します。

　マクロを使用するには、マクロ関連のメニューがまとめられている［開発］タブを表示させる必要があります。以下の手順で設定してください。

手順1 ［ファイル］タブ→［オプション］を選択します。

手順2 [Excelのオプション] ダイアログボックスで、[リボンのユーザー設定] をクリックします。

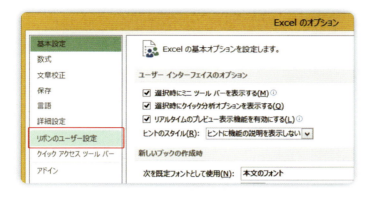

手順3 右側の [リボンのユーザー設定] の [開発] にチェックを入れて [OK] ボタンをクリックします。

これで、リボンに［開発］タブが追加され、ここからマクロを使えるようになります。

次に、セキュリティレベルの設定方法です。

手順4 ［開発］タブ→［マクロのセキュリティ］をクリックします。

手順5 ［セキュリティセンター］ダイアログボックスで、［マクロの設定］から、［警告を表示してすべてのマクロを無効にする］を選択して［OK］ボタンをクリックします。（標準設定）

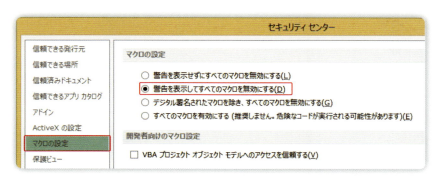

この手順で、安全にマクロを使用できるようになります。

マクロが組み込まれたファイルを初めて開いたときには、次のようなセキュリティの警告が表示されますので、［コンテンツの有効化］をクリックしてください。

> **ここまでのポイント**
> - マクロは難しいものではなく、「元に戻す」や「やり直し」に似た機能の1つ
> - マクロは、操作を順番通りに記録して、いつでも呼び出して再現できるレコーダーのようなもの
> - マクロを使うためには、事前準備が必要

(3)マクロの自動記録と実行

　それでは、実際にマクロを自動記録して、それを実行してみましょう。

　5章で作成した、［図62］(P124) の「サマリー表.xlsx」ですが、「サマリー表元.xlsx」を開いてその書式情報をすべてコピーしましたね。この手順を自動記録してマクロを作成し、書式のみのコピーを自動化してみます。

　マクロを組み込みたいファイル「サマリー表.xlsx」を開いてください。

手順1 ［開発］タブの［マクロの記録］ボタンをクリックします。

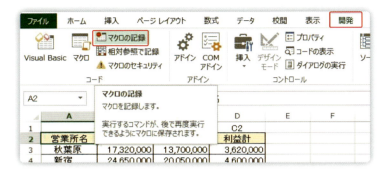

［マクロの記録］ダイアログボックスが表示されます。

　ここで、作成するマクロの名称と、ショートカットキーを設定します。ここでは、「書式コピペ」という名前にして、Mを割り当てることにします。「マクロの保存先」や「説明」の部分はそのままで結構です。

　設定できたら、［OK］ボタンをクリックしてください。

　この後の操作が、Excel にマクロとして順番に記録されていきます。レコーダーの録音開始ボタンを押したのと同じですね。

記録したいのは、「サマリー表元.xlsx」を開いてその書式情報をすべてコピーする作業でしたので、この作業を実際に行ないます。

手順2　［ファイル］→［開く］から、「サマリー表元.xlsx」を開いてください。
　シートをすべて選択して、Ctrl＋Cでコピーしてください。

　そのまま、「サマリー表.xlsx」をアクティブにしてすべて選択し、［ホーム］タブ→［貼り付け］の下の［▼］→［その他の貼り付けオプション］の一番左にある［書式設定］をクリックしてください。

最後に、A1 セルをクリックして、選択状態をクリアしてください。

手順3 記録したい作業が終了しましたので、[開発] タブの [記録終了] ボタンをクリックしてください。

これで、マクロの記録は完了です。

きちんと記録されたか、マクロを実行して確認してみましょう。

その前に、書式のコピーがうまくできたかどうかをわかりやすくするために、「サマリー表 .xlsx」の書式をクリアしておきます。

書式のクリアは、シートをすべて選択して、[ホーム] タブ→ [クリア] → [書式のクリア] の順で実行できます。

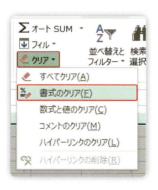

「サマリー表元.xlsx」は、閉じておいてください。

それでは、マクロを実行します。

手順4 ［開発］タブの［マクロ］ボタンをクリックしてください。

［マクロ］ダイアログボックスが表示されますので、「書式コピペ」を選択して［実行］ボタンをクリックしてみてください。
（［図64］参照）

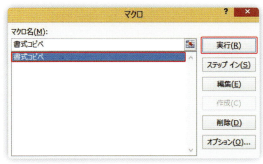

［図64］

うまく書式貼り付けが実行されましたでしょうか。

　事前に、[マクロの記録]ダイアログボックスで、Mをショートカットキーに割り当てたので、Ctrl+Mを押すだけで、この「書式コピペ」マクロを実行することもできます。

　これで、いちいち元ファイルを手動で開かなくても、自動で書式貼り付けが実行できるようになったわけです。

手順5「サマリー表 .xlsx」を上書き保存してください。
　次のようなメッセージが出てきます。

　マクロが組み込まれたファイルは、上書きでXLSX形式で保存しようとしてもできないのです。
　ですので、ここでは、[いいえ]をクリックして別の拡張子で保存します。

「ファイルの種類」から、「Excelマクロ有効ブック」を選択して「XLSM」形式で保存してください。マクロ付きのExcelファイルは、**拡張子を「xlsm」として保存するルール**になっています。

ファイル名(N):	サマリー表.xlsm	
ファイルの種類(T):	Excel マクロ有効ブック (*.xlsm)	▼

Excel ブック (*.xlsx)
Excel マクロ有効ブック (*.xlsm)
Excel バイナリ ブック (*.xlsb)
Excel 97-2003 ブック (*.xls)
XML データ (*.xml)
単一ファイル Web ページ (*.mht;*.mhtml)
Web ページ (*.htm;*.html)
Excel テンプレート (*.xltx)

これで、マクロの自動記録と実行の方法をマスターできましたね。

もちろん、これだけではできることは限られますが、たとえば、いつも決まったセル範囲の値を貼り付けしている、とか、いつも最後に決まった色を付けて仕上げているなど、ちょっとした作業でしたら自動化できるようになったということです。

繰返し作業は、ちょっとした作業であってもバカにはできません。

前述したように、「掛け算」で影響が出ますので、たった1分の作業であっても、10回繰返されれば10分になりますし、それを10人でやっていれば100分になります。ご自身のできる範囲内で、このマクロの自動記録を活用していただければ幸いです。

最後に、「VBA」という言葉について少しだけ解説を加えておきます。

ファイルをすべて閉じて、再度先ほど作成した「サマリー表.xlsm」を開いてください。開いたら、また同様にして、「書式コピペ」マクロを実行してみてください。

次のようなエラーが出るかと思います。

　先ほどは正常に動いたのに、なぜ今回はエラーになるのでしょうか。［デバッグ］をクリックしてみてください。

［図65］

　このように、黄色になっている部分を見てお気づきになった方もおられるかと思いますが、プログラム中のファイル名が「サマリー表.xlsx」と、「XLSX」形式のままになっています。（［図65］参照）

　サマリー表を保存する際に、マクロ有効ファイル「XLSM」形式に変更して保存したことによって、このプログラムではサマリー表を見つけることができなくなってしまい、エラーが出たのです。

　この画面のまま、メモ帳のような感覚で編集できますので、「xlsx」

の表記を「xlsm」に変更して保存してください。

　変更が終わったら、再度ファイルを保存してすべて閉じてから、「サマリー表.xlsm」を開いて「書式コピペ」マクロを実行してみてください。今度はうまくいきますね。

　先ほど［図65］で見ていただいたプログラムがVBAと呼ばれるものです。「Visual Basic for Applications」の略で、Excelマクロ用のプログラミング言語のことです。

　VBAのコードは、VBE（Visual Basic Editor）と呼ばれるメモ帳のようなエディター上に記述されます。VBEは、［図64］（P139）の画面で［編集］をクリックすると表示されます。
（［開発］タブ→［Visual Basic］をクリックするか、あるいは、Alt＋F11でも起動します。）

そして、VBE 上に記述された VBA のコードは、先ほど「xlsx」という表記を「xlsm」に変更していただいたように、手動で修正することもできます。

「マクロの自動記録」の実態は、あなたの Excel 操作を順番にこの VBA というプログラム言語に置き換えて、VBE 上に自動記述させている、ということを頭の片隅に置いておいてください。

> **ここまでのポイント**
> - ［開発］タブの［マクロの記録］ボタンをクリックすると、操作の記録が始まる
> - 記録を終了するのは、［開発］タブの［記録終了］ボタン
> - マクロ付きの Excel ファイルは、拡張子「xlsm」として保存する

（4）マクロの自動実行（auto open）

　マクロの応用で、<u>**「イベントマクロ」**</u>という機能があります。

「ダブルクリックする」とか「シートを選択する」といった Excel 上の動作をきっかけにして、マクロをスタートさせる機能です。

　イベントマクロの設定は、正式な手順で行おうとすると、少々複雑になるのですが、ファイルを開いたら自動的にマクロが実行される、<u>**「オートオープン」**</u>というイベントマクロだけは、実はとても簡単にセットできてしまいます。

　その方法はなんと、マクロの名称を<u>**「auto_open」**</u>とするだけです。

たとえば、あるフォーマットファイルを開いたときに自動的にポップアップで記入上の留意点が出てくるようにしたり、ファイルを開いたらリンクが更新されて別のシートに値を貼り付けされるようにしたりする作業があるとします。このように、あるファイルを開いた直後に、いつも何か決まった作業をしているとしたら、ぜひこの機能を使ってみてください。

　それではさっそく、前回作成した「書式コピペ」マクロをオートオープンのマクロにしてみましょう。先ほど保存した「サマリー表.xlsm」を開いてください。

手順1 ［開発］タブの［マクロ］ボタンをクリックして、［図64］(P139)の［マクロ］ダイアログボックスを表示してください。今から、「書式コピペ」マクロの名称を、「auto_open」という名称に変更します。

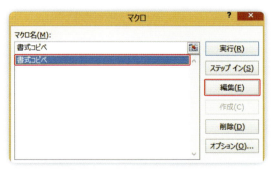

［図64再掲］

手順2 「書式コピペ」マクロを選択して［編集］ボタンをクリックし、VBEを起動すると、［図66］のような画面が表示されます。

[図66]

この中で、マクロの名称を定義している部分は、先頭の行にある、

Sub 書式コピペ( )

という部分です。

この「書式コピペ」と書いてある箇所を、**auto_open** に書き換えて保存してください。

ここまでできたら、名称変更が反映されているか確認してみます。

Excel に戻って、[開発] タブの [マクロ] ボタンをクリックし、[マクロ] ダイアログボックスを表示してください。

[図 67] のように「auto_open」という名称に変わっていたら完成です。この画面は [キャンセル] ボタンで閉じてください。

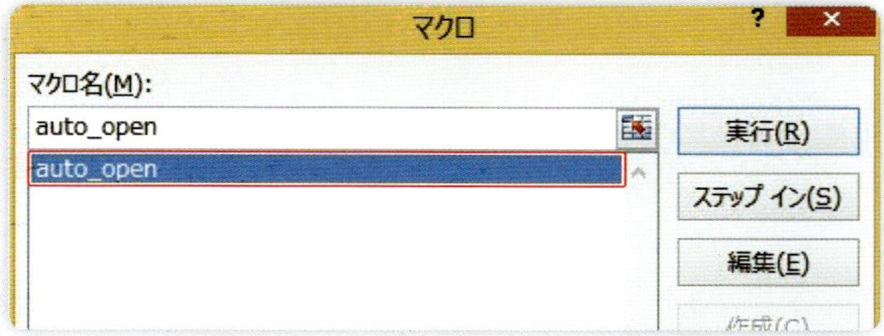

[図67]

手順3 実際に、ファイルを開くと同時に書式が元ファイルからコピーされるかどうか確認してみましょう。

前回と同様、書式のコピーがうまくできたかどうかをわかりやすくしたいので、「サマリー表.xlsm」の書式をクリアして上書き保存してください。Excel上で開いているファイルが他にもあればすべて閉じておいてくださいね。

	A	B	C	D	E
1		A2	B2	C2	
2	営業所名	売上計	コスト計	利益計	
3	秋葉原	17320000	13700000	3620000	
4	新宿	24650000	20050000	4600000	
5	渋谷	23000000	18000000	5000000	
6	池袋	10000000	8500000	1500000	
7	上野	15500000	12700000	2800000	
8					

それでは、「サマリー表.xlsm」を開いてください。
自動的に書式情報が元ファイルからコピーされればOKです。

この「auto_open」を知っていれば、たとえば、あるプロジェクトのファイルを開くときは、その参考資料として、いつも「A」というファイルと「B」というファイルと「C」というファイルを開いておきたい、

というような場合、プロジェクト用のファイルを開いたらマクロが自動でファイル「A」「B」「C」を開くようにセットしておくこともできます。仕事を始めるときに、いつも同じ複数ファイルを開く作業を削除できるので大変便利です。

　特に、Excel 2013 では、旧バージョンの Excel 2010 まで搭載されていた、「XLW」という拡張子で、すべてのウィンドウの現在のレイアウトを保存しておくという機能が廃止されてしまいましたので、この「auto_open」でカバーするといいと思います。

> **マクロのまとめ**
>
> - 繰返し作業は、［マクロの記録］をしておいて自動化を図ると便利
> - 「マクロの記録」とは、操作を順番に VBA という言語に置き換え、VBE 上に自動記述していることを言う
> - マクロ名を「auto_open」に変更するだけで、ファイルを開いたら自動的に実行されるマクロになる

3 │ 計算機を使う時間を 丸ごと削除できる「ゴールシーク」

　たとえば、ある商品を販売するにあたり、前年比売上成長率30%以上を達成するためには、何個販売しなければならないかを計算したいとき、あなたはどのように計算しますか？　単価が同じであれば前年度販売個数×1.3で算出できますが、単価は変わることもありますし、前年に割引価格で販売した分があるなど、純粋に前年度販売個数だけでは計算できないケースも多いでしょう。

　前年度の売上のみで考えると、

- （今年度）売上＝単価×販売個数
- 前年比売上成長率＝（売上÷前年度売上－1）×100%

　と表すことができるので、「前年比売上成長率」のところが30%（0.3）以上になるための販売個数を逆算しないといけませんね。

　このような単純な逆算であれば簡単にできますが、計算が複雑になってくると時間がかかるだけでなく、間違えるリスクも高くなってきます。Excelを前にして、一生懸命計算機をたたいている人を見かけますが、このような逆算をしているケースが多々あります。

　そんなときに役立つのが、**「ゴールシーク」**という機能です。

　　1 ＋ 2 ＝ 3

　という計算では、通常、「1」と「2」が最初にわかっていて、それらを足し算するとどうなるかを計算して導き出した「3」が回答となります。ところが、「3」という結果が最初に決まっていて、その結果を得るための計算元の値を知りたいケースが実務においてはよく発生します。

たとえば、前述の例のように、目標の売上成長率を達成するための販売個数を知りたいとか、利益を○○円以上確保するために何%の経費をカットしないといけないのか知りたい、というような計算は日常茶飯事です。

このような計算も、「ゴールシーク」を使えば、一瞬にして正確にできてしまいます。

それでは、実際に、前年比売上成長率30%以上を達成するための販売個数を［図68］のシートで計算してみましょう。

［図68］

現在、C2セルの販売個数は、仮に10,000個と入力されていますが、このままでは、A5セルの売上成長率は6.5%にしかなりませんね。ここを30%にするための販売個数は最低何個になるでしょうか。

次の手順でゴールシークを適用してみてください。

手順1 ［データ］タブ→［What-If分析］→［ゴールシーク］をクリックします。

手順2 ［ゴールシーク］ダイアログボックスが表示されるので、［数式入力セル］をクリックし、A5セルをクリックします。［目標値］には「0.3」を入力し、［変化させるセル］にはC2セルをクリックします。すべて終わったら［OK］をクリックしてください。

手順3 「解答が見つかりました。」というメッセージとともに、C2セルのデータが、「12,202」に、A5セルのデータが「30.0%」に変わったことを確認したら［OK］をクリックします。

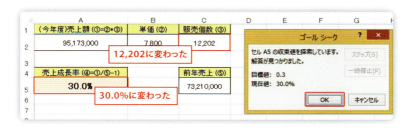

　売上成長率を30%にするためには、12,202個以上販売しないといけないことがわかりました。

続けてもう 1 つやってみます。

販売個数を 12,000 個までは伸ばすことができそうだが、それ以上伸ばすのは困難ではないか、という判断になりました。このままだと、売上成長率は 27.9% となり、30% に未達となってしまいます（[図 69] 参照）。そこで、残りの 2.1% を「単価アップ」でカバーすることにしました。その場合、単価をいくらに設定すればいいか「ゴールシーク」で計算してみましょう。

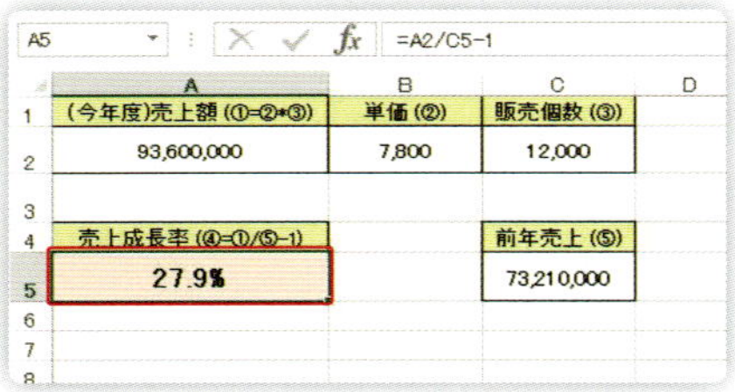

[図69]

先ほどと同様に、次の手順で進めてください。

手順1 ［データ］タブ→［What-If 分析］→［ゴールシーク］をクリックします。

手順2 ［ゴールシーク］ダイアログボックスが表示されるので、［数式入力セル］をクリックし、A5 セルをクリックします。［目標値］には「0.3」を入力し、［変化させるセル］には B2 セルをクリックします。すべて終わったら［OK］をクリックしてください。

手順3 「解答が見つかりました。」というメッセージとともに、B2セルのデータが、「7,931」に、A5セルのデータが「30.0%」に変わったことを確認したら［OK］をクリックします。

　販売個数が12,000個であっても、単価を7,931円に上げることができれば、売上成長率30%を達成できることがわかりましたね。

　このように、計算結果から、その計算元の値を求める面倒な逆算を一瞬でやってくれる機能が「ゴールシーク」です。計算機をたたかなくてもラクに、かつ正確に計算できるので、ぜひ実際のビジネスシーンでご活用ください。

ゴールシークのまとめ

- ゴールシークは逆算を自動化する機能
- 複雑な数式や専門的な関数が使われていて、逆算用の計算式を
  導くのが難しい場合などには特に有効

4 よく使う「コピペ」の手間を削除

（1）クリップボードを使えば「貼り付ける」だけになる

Excel を使っていると、コピペをする機会は多いですよね。Ctrl + C でコピーして、Ctrl + V で貼り付ける、といった操作です。

どんなに初心者の方であっても、仕事で Excel を使っていれば、コピペ機能を使ったことはあるかと思います。

では、どんなコピペのしかたをされていますでしょうか。

おそらく、1回1回コピーしたいところを探してきて Ctrl + C でコピーして、貼り付けたいところに Ctrl + V 。

これを繰返しておられるのではないかと思います。

この繰返し作業を削除する方法があるんです！

それは、**「クリップボード」にまとめてコピーしておき、その履歴の中から貼り付けるものを選択する**、というとてもシンプルな方法です。

この方法を試していただきたいと思います。

次の手順で、クリップボードの使い方を練習してください。

手順1 ［ホーム］タブ左下の［クリップボード］の右にある［ ］をクリックします。

手順2 クリップボードの内容が表示されるので、この状態でコピーしたい箇所をいくつかコピーします。コピー履歴は 24 個まで残しておくことができます。

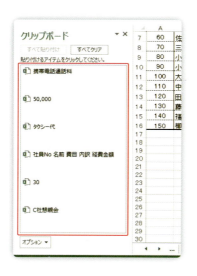

手順3 貼り付けたいセルに移動し、クリップボード内のコピー履歴の中から貼り付ける項目をクリックします。

この方法を知っていれば、コピーする手間が省けて大変便利です。

クリップボードの中身をクリアしたい場合は、［すべてクリア］ボタンをクリックします。また、下方の［オプション］ボタンから選択すれば、クリップボード自体の動きを調整することもできます。

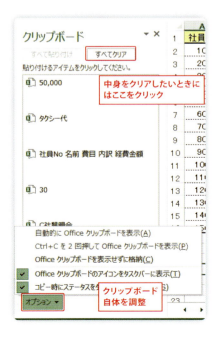

（2）ダブルクリックで「書式のみのコピペ」を効率化

　もう1つ、［ホーム］タブにある、［書式のコピー／貼り付け］ボタンの裏ワザをご紹介します。

　セルの書式のみをコピペして使うことはよくありますよね。

　コピーしたい書式情報のあるセルを選択して、［書式のコピー／貼り付け］ボタンをクリックし、貼り付けたい場所を選択すると思いますが、これだと1回だけしかコピペできません。

　ところが、クリックではなく、**ダブルクリック**して使うと、ボタンがロックされて何度もコピペできるようになります。（再度クリックすると解除されます。）

　これもちょっとしたことではありますが、コピペは使用頻度が高いので、工夫すると効果的です。

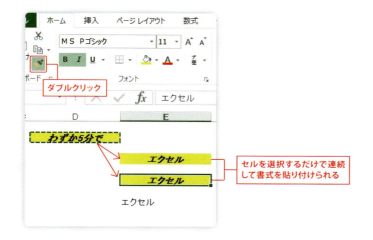

> **コピペ削除のまとめ**
> - クリップボードを使えば、コピー元とコピー先の行き来を減らすことができる
> - ［書式のコピー／貼り付け］ボタンをダブルクリックして使えば、連続貼り付けが可能

この章では、VLOOKUP 関数以外で「E（削除）」につながる Excel
テクニックについて解説してきました。

　ECRS の中でも、もっとも改善効果が高いのは「E（削除）」ですの
で、Excel 業務の中で、時間がかかっているところや同じ手順を繰返し
ているところはないかを探し、それを（一部でも）削除することがで
きないかを考えることはとても大切です。この章で取り上げたマクロ、
ゴールシーク、クリップボードをヒントとして、ご自身の Excel 業務
を見なおしていただければと思います。

　次の 7 章では、2 番目に改善効果が高い「C（結合）」に関する Excel
テクニックをご紹介します。

7章

複数の目的を1度で済ませる
「合わせ技」でスピードアップ

〜ピボットテーブル、条件付き書式、オートフィル〜

【C（結合）】キーワードは「パッケージ化」
複数機能を1つにまとめたお得な機能を使いこなす

　この章では、ECRS の **「C（結合）」** に効果的な機能、**「ピボットテーブル」**、**「条件付き書式」**、**「オートフィル」** を解説していきます。

　まずはどのような業務に効果的かおさえておきましょう。

ピボットテーブル
- 月別、部門別、地区別など、いくつかの切り口でデータを集め、別表に合計値や平均値を表示させたい
- さらに上記の切り口を変更しながら、さまざまな角度でデータを分析したい

条件付き書式
- 「平均値以下のデータにマークを付ける」、「スケジュール表の土日の欄にだけ自動で色を付ける」など、ある条件を満たすセルに対して、指定した書式を自動的に適用したい

オートフィル
- 1月、2月、3月など、一定のルールで連番を振る操作をラクに行いたい

　いずれの例も、普通に行うと複数の作業を順番にやっていく必要がありますが、ここで説明する機能を使えば1度の操作で行えます。言わば、本来なら別々に行わなければならないさまざまな作業が **「パッケージ化」** された大変便利な機能なのです。

　特にピボットテーブルは、データの集計や分析がとても簡単に、そして正確にできますので、仕事の分野を問わず覚えておいて損はない機能です。そのピボットテーブルからご紹介します。

集計、分析機能をパッケージ化した「ピボットテーブル」の基本をおさえよう

（１）月別、部署別、得意先別など、視点を自由に変えて売上データを分析する

あなたの会社ではこんなことはありませんか？

A課長　「部署ごとの売上を月別にまとめておいてもらえる？」

	A	B	C	D	E	F	G
1	月	担当者	部署	担当地区	担当得意先	売上(実績)	売上(計画)
2	2014/1	川端 咲子	第1営業チーム	東京	アシタ商会	1,000,000	1,400,000
3	2014/1	松原 一郎	第1営業チーム	東京	鈴木商店	160,000	200,000
4	2014/1	小野 恵美子	第2営業チーム	東京	田中商店	500,000	300,000
5	2014/2	島田 唯之	第3営業チーム	大阪	高橋商店	300,000	500,000
6	2014/2	金山 莉南	第3営業チーム	大阪	ティービー電器	500,000	700,000
7	2014/2	原 和也	第2営業チーム	東京	ABC電器	2,000,000	1,800,000
8	2014/3	一之瀬 隆真	第3営業チーム	大阪	鈴木商店	150,000	200,000
9	2014/3	望月 英次郎	第2営業チーム	東京	田中商店	500,000	500,000
10	2014/4	大河原 一恵	第1営業チーム	東京	ティービー電器	400,000	500,000
11	2014/4	窪田 孝行	第1営業チーム	東京	アシタ商会	500,000	500,000
12	2014/4	澁田 洋平	第2営業チーム	東京	ABC電器	960,000	1,200,000
13	2014/5	小川 千枝	第1営業チーム	東京	高橋商店	400,000	500,000
14	2014/5	吉岩 勇	第3営業チーム	大阪	奥田商事	1,500,000	1,500,000
15	2014/6	陣野 沙織	第1営業チーム	東京	高橋商店	630,000	1,000,000
16	2014/6	鷹田 佳代	第3営業チーム	大阪	奥田商事	1,500,000	1,200,000
17	2014/6	山本 健治	第2営業チーム	東京	田中商店	700,000	500,000

Bさん　「わかりました」
　　　「え〜と、1月の第1営業チームは1,000,000円と160,000円か、ふむふむ、2月は…」

と、新しい表をつくりなおしてそこに転記。

Bさん　　「課長、できました！」
A課長　　「ありがとう。悪いけどやっぱり地区ごとにも見たいし、売上
　　　　　計画も見たいので、明日の会議までに追加しておいてもらえる
　　　　　かな？」

Bさん　　「わ、わかりました…」

（うっ、今日は深夜残業確定だな…）と思いながら、また最初から項目
を変えて表全体をつくりなおし、そこに転記。

　今度はちょっと複雑なので、Cさんを呼んで読み合わせをします。結
局、2人で半日かけて完成させ、その翌朝、

Bさん　　「課長、できました！」
A課長　　「ありがとう！　ご苦労さま。」

　そして、A課長は会議でその資料を使って説明します。

　ところが、他の参加者から質問が相次ぎ、次の会議までにまた別のま
とめ方でのリクエストが入ります。

　デスクに戻ったA課長は、またBさんを呼び、別の切り口での資料
作成を依頼…

　これの繰返しです。

　苦笑いしながら読まれた方もおられるかと思いますが、これに似たシチュエーションは、多くの企業で実際に起こっていることです。究極の無駄ですね。

　しかし、**ピボットテーブル**を知っていれば、こんな無駄は発生しません。なぜなら、ピボットテーブルは、

大量のデータからいくつかの切り口でデータを集めなおし、軸を自由に入れ替えて、さまざまな角度から見たい表を表示させることができる分析機能

であり、しかも、マウスをクリックするだけで簡単に作表が完了するからです。

　多くの Excel 本には、上級者向けの機能として解説されているのですが、難しい数式や関数を使うことなく、マウス操作だけで扱えるので、初心者の方にこそお使いいただきたいと思っています。

ここでは、手軽に使えるピボットテーブルの基本について解説します。1回でも使ってみると、その便利さ、簡単さを実感いただけるはずです。

　事前に注意点を1つだけ。元表の最初の行の項目名が、**各セルの1つずつに必ず入力されている**ことを確認してください。空白のセルがあったり、セルが結合されていたりすると、ピボットテーブルがうまく作成できないので注意してください。

　では、実際にピボットテーブルを使ってみましょう。

　[図70] は先ほどの事例で使った表です。A課長に言われた通り、部署ごとの売上を月別にまとめてみます。

	A	B	C	D	E	F	G
1	月	担当者	部署	担当地区	担当得意先	売上(実績)	売上(計画)
2	2014/1	川端 咲子	第1営業チーム	東京	アシタ商会	1,000,000	1,400,000
3	2014/1	松原 一郎	第1営業チーム	東京	鈴木商店	160,000	200,000
4	2014/1	小野 恵美子	第2営業チーム	東京	田中商店	500,000	300,000
5	2014/2	島田 唯之	第3営業チーム	大阪	高橋商店	300,000	500,000
6	2014/2	金山 莉南	第3営業チーム	大阪	ティービー電器	500,000	700,000
7	2014/2	原 和也	第2営業チーム	東京	ABC電器	2,000,000	1,800,000
8	2014/3	一之瀬 隆真	第3営業チーム	大阪	鈴木商店	150,000	200,000
9	2014/3	望月 英次郎	第2営業チーム	東京	田中商店	500,000	500,000
10	2014/4	大河原 一恵	第1営業チーム	東京	ティービー電器	400,000	500,000
11	2014/4	窪田 孝行	第3営業チーム	大阪	アシタ商会	500,000	500,000
12	2014/4	渋田 洋平	第2営業チーム	東京	ABC電器	960,000	1,200,000
13	2014/5	小川 千枝	第1営業チーム	東京	高橋商店	400,000	500,000
14	2014/5	吉岩 勇	第3営業チーム	大阪	奥田商事	1,500,000	1,500,000
15	2014/6	陣野 沙織	第1営業チーム	東京	高橋商店	630,000	1,000,000
16	2014/6	鷹田 佳代	第3営業チーム	大阪	奥田商事	1,500,000	1,200,000
17	2014/6	山本 健治	第2営業チーム	東京	田中商店	700,000	500,000
18							
19							

[図70] ダウンロード

次の手順でやってみてください。

手順1 表内のセルをどこでもいいので選択し、[挿入] タブ→ [ピボットテーブル] をクリックします。

手順2 [ピボットテーブルの作成] ダイアログボックスが表示されるので、選択範囲を確認して（点線で囲まれます）、[OK] ボタンをクリックします。

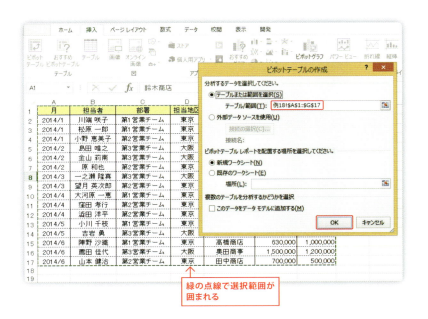

緑の点線で選択範囲が囲まれる

次のような画面になったと思いますが、設定を少し変更します。

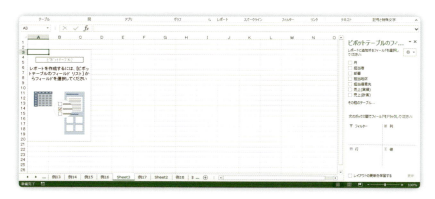

［ピボットテーブルツール］［分析］タブ（Excel 2010 では［オプション］タブ）→［オプション］から、［ピボットテーブルオプション］ダイアログボックスを表示し、［表示］タブ内、「従来のピボットテーブルレイアウトを使用する」にチェックを入れて［OK］ボタンをクリックします。

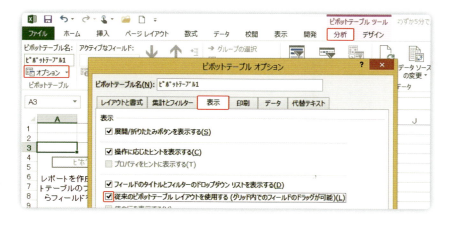

こうすることで、次のような表示に変更され、この青線で囲まれた部分に項目をドラッグ＆ドロップして表の切り口を変更することもできるようになります。

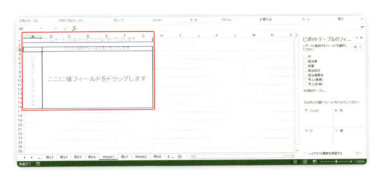

　レイアウトは「表形式」に統一します。これはみなさんの好みで見やすいものを選択してください。［ピボットテーブルツール］［デザイン］タブ→［レポートのレイアウト］→［表形式で表示］をクリックで設定できます。

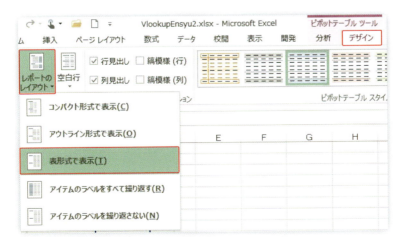

それでは、手順に戻ります。

手順3 「部署」ごとの「売上」を「月」ごとにまとめるので、[ピボットテーブルのフィールド] に表示された [月] [部署] [売上(実績)] にチェックを入れます。

次のようになりましたか。

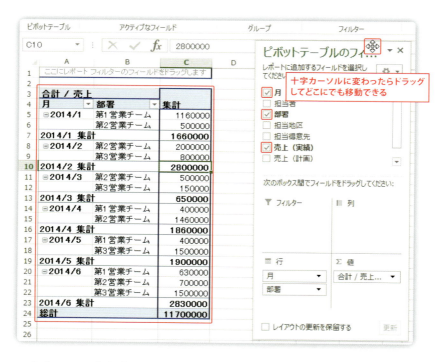

ちなみに、[ピボットテーブルのフィールド] は、画面右の方にくっついていると思いますが、タイトル部分にマウスカーソルを持っていき、十字カーソルに変わったら、ドラッグしてどこにでも移動することができます。(タイトル部分をダブルクリックすると元の位置に戻ります。)

「月」が縦方向に並んでいますが、横に並んだ方が見やすいですよね。
次はこれを調整したいと思います。

手順4 シート上の項目「月」を、「集計」の上あたりにドラッグ＆ドロップしてください。

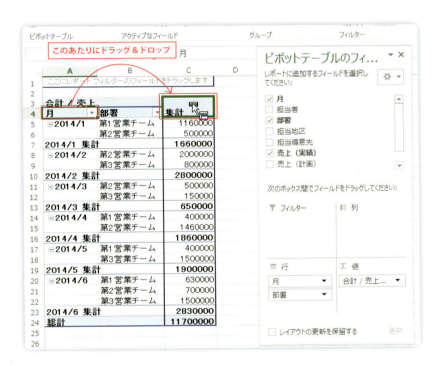

次のようになれば成功です。

なお、手順4 で、［図 71］ように、［ピボットテーブルのフィールド］内の項目「月」を、［列］の領域にドラッグ＆ドロップしてもかまいません。［ピボットテーブルのフィールド］と、シート上のレイアウトは①〜④で示したような対応関係にありますので、意識して見るようにしてください。

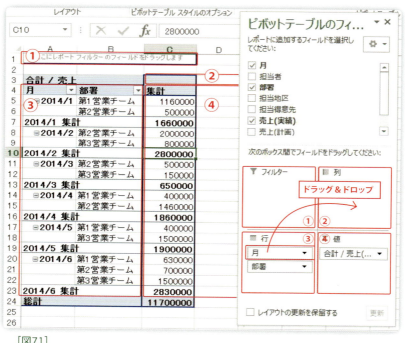

［図71］

　ここまでで、部署ごとの売上を月ごとにまとめることができましたが、このままでは数字が見にくいので、最後の手順として桁区切りのカンマを入れておきましょう。

手順5 ［ピボットテーブルのフィールド］内の項目「合計／売上(実績)」の右側にある［▼］をクリックして、［値フィールドの設定］を選択します。

［値フィールドの設定］ダイアログボックスで［表示形式］をクリックし、［セルの書式設定］ダイアログボックスを表示します。
「分類」で［数値］を選択し、「桁区切り(,)を使用する」にチェックを入れて［OK］をクリックしたら、［値フィールド設定］ダイアログボックスに戻るので［OK］をクリックします。

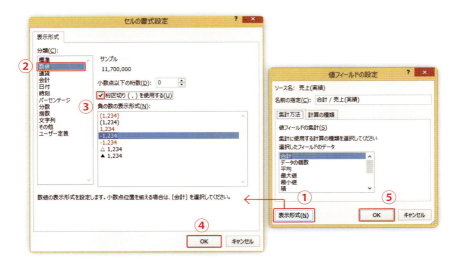

次のように、桁区切りで売上実績が表示されれば完成です。
（［図72］参照）

	A	B	C	D	E	F	G	H
3	合計 / 売上(実績)	月						
4	部署	2012/1	2012/2	2012/3	2012/4	2012/5	2012/6	総計
5	第1営業チーム	1,160,000			400,000	400,000	630,000	2,590,000
6	第2営業チーム	500,000	2,000,000	500,000	1,460,000		700,000	5,160,000
7	第3営業チーム		800,000	150,000		1,500,000	1,500,000	3,950,000
8	総計	1,660,000	2,800,000	650,000	1,860,000	1,900,000	2,830,000	11,700,000

［図72］

　補足ですが、先ほど書式設定のために表示した［値フィールドの設定］ダイアログボックスで、［集計方法］と［計算の種類］を変更することができます。

　たとえば、［集計方法］タブで［データの個数］を選択して［OK］とすると、その数値を構成しているデータの個数を表示することができ、［平均］を選択するとすべて平均値に変更することができます。
（［図73］参照）

[図73]

	A	B	C	D	E	F	G	H
1		ここにレポート フィルターのフィールドをドラッグします						
2								
3	平均 / 売上(実績)	月						
4	部署	2014/1	2014/2	2014/3	2014/4	2014/5	2014/6	総計
5	第1営業チーム	580,000			400,000	400,000	630,000	518,000
6	第2営業チーム	500,000	2,000,000	500,000	730,000		700,000	860,000
7	第3営業チーム		400,000	150,000		1,500,000	1,500,000	790,000
8	総計	553,333	933,333	325,000	620,000	950,000	943,333	731,250
9								

　また、たとえば［計算の種類］タブで［総計に対する比率］を選択して［OK］とすると、構成比をパーセント表示してくれます。
（［図74］参照）

［図74］

	A	B	C	D	E	F	G	H
1		ここにレポート フィルターのフィールドをドラッグします						
2								
3	合計 / 売上(実績)	月						
4	部署	2014/1	2014/2	2014/3	2014/4	2014/5	2014/6	総計
5	第1営業チーム	9.91%	0.00%	0.00%	3.42%	3.42%	5.38%	22.14%
6	第2営業チーム	4.27%	17.09%	4.27%	12.48%	0.00%	5.98%	44.10%
7	第3営業チーム	0.00%	6.84%	1.28%	0.00%	12.82%	12.82%	33.76%
8	総計	14.19%	23.93%	5.56%	15.90%	16.24%	24.19%	100.00%

7章　複数の目的を1度で済ませる「合わせ技」でスピードアップ

実務では、合計の数値だけが必要となるケースばかりではありませんので、こちらの変更方法もおさえておいてください。

ここまでのポイント

- ピボットテーブルとは、大量のデータからいくつかの切り口でデータを集めなおし、軸を自由に入れ替えて、さまざまな角度から表示させることができる分析機能
- ピボットテーブルの作成には、元表の最初の行の項目名が、各セルの1つずつに入力されていることが必要
- 関数も難しい計算式も不要。ドラッグ＆ドロップでできるので初心者向き

（2）売上実績だけでなく、計画データも合わせて
　　集計する（項目の追加、並べ替え、削除）

　冒頭の事例では、「やっぱり地区ごとにも見たいし、売上計画も見たい」というA課長の追加リクエストが入ったため、Bさんは表をつくりなおすために深夜残業を余儀なくされましたね。

　もし、Bさんがピボットテーブルを知っていたら、どのような手順でこの仕事をやることになったのか見ていきましょう。他の機能も織り交ぜながら解説していきますので、いっしょに手順を追っていただければと思います。

　[図72] からスタートします。

	A	B	C	D	E	F	G	H
1								
2								
3	合計 / 売上(実績)	月						
4	部署	2012/1	2012/2	2012/3	2012/4	2012/5	2012/6	総計
5	第1営業チーム	1,160,000			400,000	400,000	630,000	2,590,000
6	第2営業チーム	500,000	2,000,000	500,000	1,460,000		700,000	5,160,000
7	第3営業チーム		800,000	150,000		1,500,000	1,500,000	3,950,000
8	総計	1,660,000	2,800,000	650,000	1,860,000	1,900,000	2,830,000	11,700,000
9								

[図72再掲]

手順1　「地区」と「売上計画」も見たいということですので、この2つの項目を追加します。[ピボットテーブルのフィールド]内の項目、「担当地区」と「売上(計画)」にチェックを入れてください。

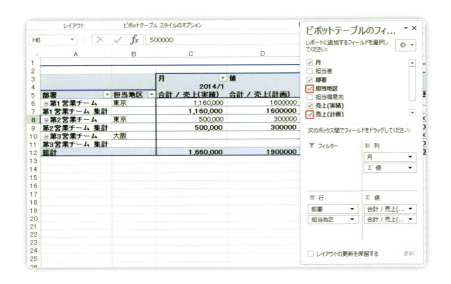

手順2 「担当地区」と「部署」は並びが逆の方が見やすいので、入れ替えます。「部署」の項目をマウスで「担当地区」のすぐ下あたりにドラッグ＆ドロップしてください。

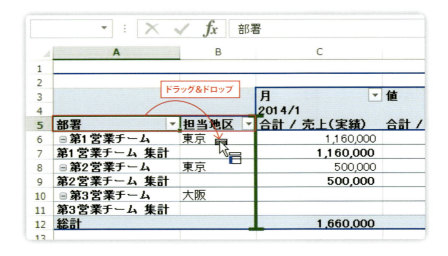

次の図のように、［ピボットテーブルのフィールド］内の［行］（Excel 2010では［行ラベル］）の項目「部署」を「担当地区」の下にドラッグ＆ドロップしてもかまいません。

　次のように、「担当地区」→「部署」の順に並びましたか。

　今度は「担当地区」の内部で並べ替えをしてみましょう。「大阪」が上にきて、「東京」が下にきていますので、この順序を入れ替えます。

手順3　「大阪」と入っている A6 セルを選択し、下方にマウスカーソルを持ってくると、十字カーソルに変わります。この状態で、「東京 集計」の下にドラッグ＆ドロップしてください。

次のように、「東京」→「大阪」の順に並べば OK です。

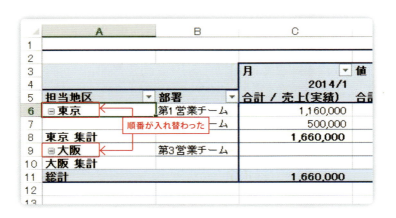

　自動的に地区ごとの合計値も集計されます。（この順序は 1 度変更すれば Excel が記憶してくれるので、次回からは自動的に「東京」→「大阪」の順で並びます。）

なお、「並べ替え」と言えば、数値の昇順や降順の並べ替えが思い浮かぶと思いますが、もちろん、ピボットテーブルの中でも数値を並べ替えて表示することができます。たとえば、1月の売上実績のデータを昇順に並べ替えたい場合は、並べ替えたい数値があるセル（ここではC6セル）を選択し、［データ］タブ内の昇順並べ替えボタンをクリックすれば、以後、昇順で表示されるようになります。

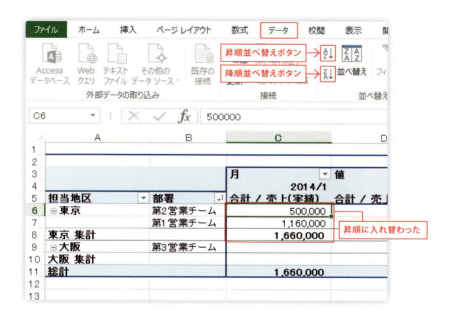

　並べ替えの方法が確認できたら、降順並べ替えボタンで元の降順に戻しておいてください。縦項目はこれで完成です。

次は、「売上(計画)」の項目ですが、新しく追加したため、実績の方には桁区切りのカンマが入っているのに、計画の方の数値にはまだ入っていませんね。「売上(実績)」で実施した手順と同様にして、「売上(計画)」の方にも桁区切りを適用します。

手順4 ［ピボットテーブルのフィールド］内の項目「合計／売上(計画)」の右側にある［▼］をクリックして、［値フィールドの設定］を選択します。

手順5 ［値フィールドの設定］ダイアログボックスで［表示形式］をクリックし、［セルの書式設定］ダイアログボックスを表示します。「分類」で［数値］を選択し、「桁区切り(,)を使用する」にチェックを入れて［OK］をクリックしたら、［値フィールド設定］ダイアログボックスに戻るので［OK］をクリックします。

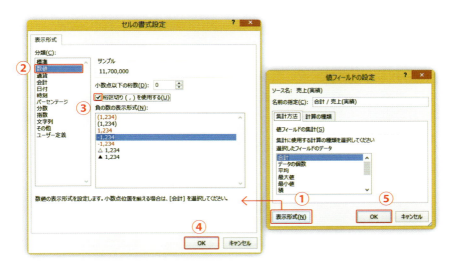

次のように、売上(計画)にも桁区切りのカンマが表示されましたか。

売上(計画)にも桁区切りのカンマが入った

最後に、横方向が間延びしているので、項目名を短くして見栄えを良くしておきましょう。

手順6　「合計／売上(実績)」と入っているC5セルをクリックし、上書きで「実績」と手入力して Enter をクリックします。同様に、「合計／売上(計画)」と入っているD5セルをクリックし、上書きで「計画」と手入力して Enter をクリックします。

1ヶ所修正すれば、同じ項目はすべて修正されます。項目名を短くしたら、全選択して、列番号の境界線にマウスポインタを合わせてカーソルアイコンを表示し、ダブルクリックしてください。列幅が自動調整されます。([図75] 参照)

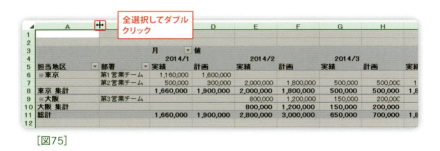

[図75]

これで、A課長の追加リクエストもクリアです。深夜残業も読み合わせも必要ありませんね。

ちなみに、項目を削除することも一瞬でできます。たとえば、「やっぱり部署別のデータはいらない」と言われた場合は、［ピボットテーブルのフィールド］内の「部署」に付いているチェックマークを外すだけです。

　他に、シート上の「部署」という項目をピボットテーブルの外にドラッグ＆ドロップしても削除できます。

(3) フィルターを利用してデータを絞り込む

次は、［図71］（P172）の対応関係で示した「①」の部分、**「フィルター」**の使い方について解説します。

大量のデータを分析するときには、一部を切り出して重点的に確認したい場合も出てくるかと思います。そんなときに簡単にデータを絞り込む機能として「フィルター」機能が存在します。

実際にフィルターを使って［図75］の状態から、得意先ごとにデータを確認していきましょう。

［図75再掲］

手順1 ［ピボットテーブルのフィールド］内の項目、「担当得意先」にチェックを入れます。

手順2 ［ピボットテーブルのフィールド］内、［行］（Excel 2010 では［行ラベル］）の最後に「担当得意先」という項目が入ったので、これを、［フィルター］（Excel 2010 では［レポートフィルター］）の領域にドラッグ＆ドロップします。

次のように、A1 セルに「担当得意先」、B1 セルに「(すべて)」と入りましたでしょうか。これが「フィルター」です。

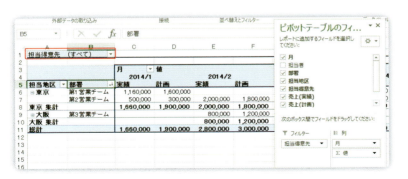

「(すべて)」の右隣にある［▼］をクリックしてみてください。任意の得意先を選択して［OK］ボタンをクリックすると、その得意先だけに絞ったデータを抽出することができます。

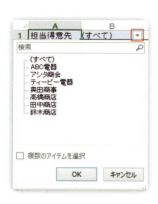

奥田商事、高橋商店、田中商店の3つが重点得意先だったとして、これらに絞ってデータを確認してみましょう。

手順3 画面の下方にある「複数のアイテムを選択」にチェックを入れると、各得意先名の左隣にチェックボックスが現れます。奥田商事、高橋商店、田中商店の3つにチェックを入れて、［OK］ボタンをクリックしてください。

B1 セルが、「(複数のアイテム)」に変われば、選択した 3 つの得意先のデータが反映されています。([図 76] 参照)

担当得意先	(複数のアイテム)								
		月	値						
		2014/1		2014/2		2014/3		2014/5	
担当地区	部署	実績	計画	実績	計画	実績	計画	実績	計画
東京	第1営業チーム							400,000	500,000
	第2営業チーム	500,000	300,000			500,000	500,000		
東京 集計		500,000	300,000			500,000	500,000	400,000	500,000
大阪	第3営業チーム			300,000	500,000			1,500,000	1,500,000
大阪 集計				300,000	500,000			1,500,000	1,500,000
総計		500,000	300,000	300,000	500,000	500,000	500,000	1,900,000	2,000,000

[図76]

ピボットテーブルの右端に合計値が自動計算されています。東京地区が計画値に未達となっています。内訳を見ると、第 1 営業チームの実績値が「1,030,000」となっており、計画値「1,500,000」に届いていないことがわかります。

担当得意先	(複数のアイテム)				
		月	値		
		2014/1		全体の 実績	全体の 計画
担当地区	部署	実績	計画		
東京	第1営業チーム			1,030,000	1,500,000
	第2営業チーム	500,000	300,000	1,700,000	1,300,000
東京 集計		500,000	300,000	2,730,000	2,800,000
大阪	第3営業チーム			3,300,000	3,200,000
大阪 集計				3,300,000	3,200,000
総計		500,000	300,000	6,030,000	6,000,000

ちょっと調子が悪かったようですね。さらに詳細を確認してみましょう。M6 セルの「1,030,000」をダブルクリックしてみてください。別シートにその内訳が表示されます。

月	担当者	部署	担当地区	担当得意先	売上(実績)	売上(計画)
2014/5/1	小川 千枝	第1営業チーム	東京	高橋商店	400000	500000
2014/6/1	陣野 沙織	第1営業チーム	東京	高橋商店	630000	1000000

フィルター機能を使えば、データが大量にあっても、このような分析が簡単にできます。（シートを消したいときは、シート名を右クリックして削除してください。）

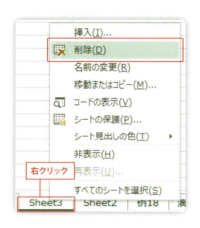

　最後にもう1つ、フィルターの便利な機能をご紹介します。

　［ピボットテーブルツール］［分析］タブ（Excel 2010 では［オプション］タブ）→［オプション］の右隣の［▼］→［レポートフィルターページの表示］の順にクリックしてください。

［レポート フィルター ページの表示］ダイアログボックスが表示されたら、［担当得意先］を選択して［OK］をクリックしてください。

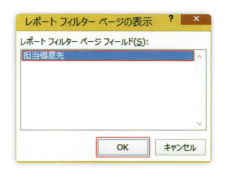

次のように、フィルターで選択されていたすべての得意先のシートがそれぞれ1枚ずつ作成されます。

部門ごとに売上データをまとめたり、個人ごとに営業成績をまとめたりすることも、簡単にできますね。

もっと複雑な絞り込みをしたい場合は、**「スライサー」**を使うことをおすすめします。[ピボットテーブルツール][分析] タブ（Excel 2010 では［オプション］タブ）→［スライサー］をクリックしてください。

　絞り込みたい項目を選択すれば、次のような「スライサー」が表示されます。（ここでは、［部署］と［担当得意先］を選択）

　スライサーに表示される項目を選択するだけで、自動的に絞り込むことができます。Ctrl を押しながら選択すれば、複数項目での絞り込みも可能です。

次の図は、［第 1 営業チーム］と［アシタ商会］、［高橋商店］で絞り込んだ結果です。

　フィルターでは、［図 76］（P189）のように、「(複数のアイテム)」としか表示されませんでしたが、スライサーを使うと、何で絞り込まれているか一目瞭然で便利です。

　元に戻したいときは、スライサーの右上の［×］をクリックします。スライサー自体を消したいときは、スライサーを選択して Delete を押すと消えます。

> **ピボットテーブルのまとめ**
> - ピボットテーブルの基本機能は、「並べ替え」と「絞り込み」
> - 項目の追加、入れ替え、削除もドラッグ＆ドロップでできる
> - フィルターで絞り込みできるが、複数項目での絞り込みには「スライサー」がおすすめ

3 書式設定と計算式をパッケージ化した 「条件付き書式」で見やすい表を一瞬で作成する

（1）重複データや平均値以上のデータに 一瞬で色を付ける

　表を作成したとしても、数値がたくさん並んでいるだけでは何を伝えたいのかよくわからない資料になってしまいますね。

　注目してほしい数字にコメントが付いていたり、目立つ色になっていたりした方が親切です。ここでは、**「条件付き書式」**という機能を使って、設定した条件を満たす数値に自動で色を付ける方法を解説します。

　「条件付き書式」とは、**「セルに入力されているデータが、一定の条件を満たす場合にはこういう書式を適用しなさい」**というルールをあらかじめ設定しておくことができる機能です。

　たとえば次の表から、売上金額が同じデータのみを赤色の背景で自動表示させてみます。

販売数量	売上金額
10	1,000,000
2	160,000
5	500,000
3	300,000
10	500,000
20	2,000,000
2	150,000
15	500,000
7	350,000
7	500,000
12	960,000
5	400,000
30	1,500,000
8	630,000
18	1,500,000

手順1 対象セル範囲を指定して、[ホーム]タブ→[条件付き書式]→[セルの強調表示ルール]→[重複する値]の順にクリックします。

手順2 表示された[重複する値]ダイアログボックスの「書式」で、[明るい赤の背景]を選択して[OK]ボタンをクリックします。

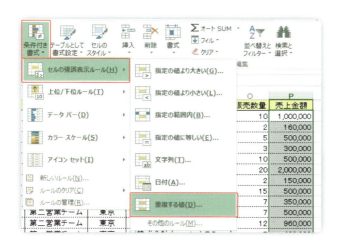

次のように、2個以上存在するデータに明るい赤の背景が適用されました。

販売数量	売上金額
10	1,000,000
2	160,000
5	500,000
3	300,000
10	500,000
20	2,000,000
2	150,000
15	500,000
7	350,000
7	500,000
12	960,000
5	400,000
30	1,500,000
8	630,000
18	1,500,000

次は、平均値以上の売上金額データのみを緑色で表示させてみます。

平均値は、計算したいセルを範囲指定すると、画面下のステータスバーに表示されます。この例の場合、平均は「730,000」なので、730,000以上のセルを自分で探して、文字の色やセルの色を変更すればいいのですが、データが変わるたびにそんな作業を繰返していては気が遠くなりますね。

ですので、条件付き書式の機能を使って自動的に書式を適用します。

手順1 対象セル範囲を指定して、［ホーム］タブ→［条件付き書式］→［上位／下位ルール］→［平均より上］の順にクリックします。

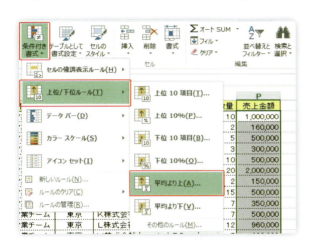

手順2 表示された［平均より上］ダイアログボックスで、［濃い緑の文字、緑の背景］を選択して［OK］ボタンをクリックします。

次のように、平均値以上の売上金額データが、緑色でハイライトされました。

O	P
販売数量	売上金額
10	1,000,000
2	160,000
5	500,000
3	300,000
10	500,000
20	2,000,000
2	150,000
15	500,000
7	350,000
7	500,000
12	960,000
5	400,000
30	1,500,000
8	630,000
18	1,500,000

　この機能を使えば、注目してほしい数値を目立たせることができるだけでなく、たとえば、入力表の入力必須項目に色を付けておいて、文字が入力されたらその色が消えるような設定も簡単にできます。

　次はその方法を解説します。

（2）フォーマットの入力必須項目に色を付け、
　　入力したら自動的に色が消えるように設定する

　入力表のフォーマットを作成する際、入力必須項目に色が付いている
とわかりやすいですよね。後から入力漏れで記入しなおしてもらうよう
な無駄も減少するでしょう。入力し終わったら色が消えるようになって
いれば、なお親切です。

　簡単に設定できますので、次の手順を追ってやってみてください。

手順1　フォーマットの入力必須項目セルをすべて選択して（離れたセル
を選択する際は Ctrl を押しながらクリックします）、［ホーム］タブ→
［条件付き書式］→［新しいルール］をクリックします。

手順2 ［新しい書式ルール］ダイアログボックスが表示されたら、「ルールの種類を選択してください」の［指定の値を含むセルだけを書式設定］を選択し、「ルールの内容を編集してください」の［セルの値］の［▼］をクリックします。リストから［空白］を選択します。

手順3 入力フォームが次のように変わるので、［書式］をクリックします。表示された［セルの書式設定］ダイアログボックスの［塗りつぶし］タブから好みの色（ここでは薄いオレンジ色）を選択して［OK］をクリックします。［新しい書式ルール］ダイアログボックスに戻るので［OK］をクリックします。

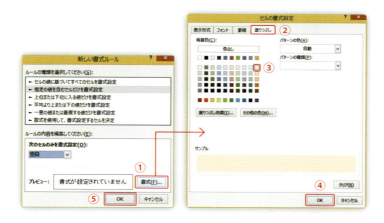

次のように、入力必須項目欄に色が付き、入力したら色が消えるフォーマットが完成しました。

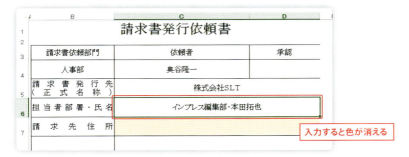

条件付き書式のまとめ

- 条件付き書式とは、「一定の条件を満たすデータにはこういう書式を適用しなさい」というルールをあらかじめ設定しておくことができる機能
- 「上位○%」、「平均値以上」など、使用頻度が高い条件については、最初からメニューが用意されているので、そこから選択可能

4 計算式とコピペをパッケージ化した「オートフィル」で連続データを高速入力

　連番や曜日など、規則性のあるデータ入力は**「オートフィル」**機能で自動化できます。

　次の画面のA1セルをよく見てください。
「1」と入力されていますが、その右下に小さな［■］が付いていますね。これを「フィルハンドル」と言います。

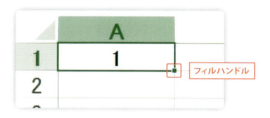

　これをA5セルまでドラッグしてみてください。すると、「オートフィルオプションボタン」という四角いマークが現れます。

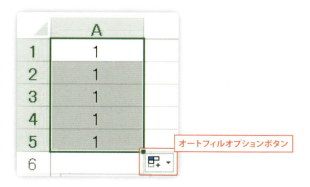

今度はこれをクリックし、[連続データ]を選択してください。

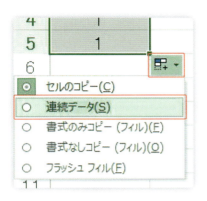

並んでいた「1」が、次のように、1から5までの連続データに変わりましたね。この機能を**「オートフィル」**と言います。

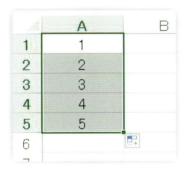

なお、最初にA1セルに「1」、A2セルに「2」を入力しておいて、セル範囲A1:A2を選択してフィルハンドルをドラッグすると、オプションボタンから選択しなくても「1、2、3、4、5…」と、自動的に連続データが入ります。

「1」と「3」が入力されていれば、「1、3、5、7、9…」となりますし、「10」と「20」が入力されていれば、「10、20、30、40、50…」となります。入力されている2つの数値の規則性によって、値がコピーされるというわけです。ここまでは馴染みのある方も多いかも知れませんね。

「月、火、水、木…」の1週間や、「子、丑、寅、卯…」の干支など、数値以外でも規則性が決まっているものなら同様のことができます。「第1回」や「第1営業部」など、文字列の一部に数字が入っているものでも大丈夫です。

　また、ドラッグするときにマウスの右ボタンを押してドラッグすると、もっと自在に増分をコントロールすることができます。

手順1 フィルハンドルを右ドラッグして離すとメニューが表示されるので、メニューの1番下にある［連続データ］を選択してください。

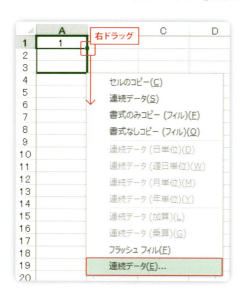

手順2 ［連続データ］ダイアログボックスが表示されます。ここで増分と停止値を設定できたり、増分について、加算（足し算）するのか乗算（掛け算）するのかを選んだりできるので、柔軟に連続データを作成することができます。

（［連続データ］ダイアログボックスは、［ホーム］タブ→［フィル］→［連続データの作成］からも表示可能です。）

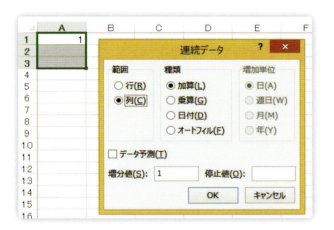

連続データを作成する必要があるときは、ぜひこのオートフィルをご活用ください。

オートフィルのまとめ

- オートフィルは、連続データの作成時に使用する
- 右ドラッグでさまざまな連続データを作成できる

この章では、ECRS の中でも、2 番目に改善効果が高い「C（結合）」につながる Excel テクニックについて解説してきました。

　Excel の複数の機能を 1 つに結合した「お得パック」のイメージで、いくつか取り上げてみました。

　ピボットテーブルは、「**四則演算**」＋「**作表（書式設定）**」
　条件付き書式は、「**条件分岐（関数）**」＋「**書式設定**」
　オートフィルは、「**足し算・掛け算**」＋「**コピペ**」

と考えることができますね。

　ぜひ業務にお役立てください。

　次の 8 章では、「R（置換）」と「S（簡素化）」に関する Excel テクニックをご紹介します。

8章

「ちょっとしたこと」でも効果てき面 今すぐできる即効ワザ

～シナリオ、入力規則、オートフィルタ、ショートカットキー～

【R（置換）】現状のやり方にとらわれず より効率的な方法に置き換える

いよいよ最後の章になりました。この章では、「R（置換）」「S（簡素化）」にあてはまる機能をご紹介していきます。今までのやり方を少し変えてみるだけでできますので、気軽に試してみてください。

まずは「R（置換）」からいきましょう。「シナリオ」、「入力規則」、「形式を選択して貼り付け」という機能を中心に進めていきます。

どのような業務に活かせるでしょうか。

シナリオ
☐「手堅い売上目標」と「チャレンジ売上目標」の2種類を作成するなど、パターンをいくつか用意してシミュレーションしたい

入力規則
☐ 入力欄をリストから選択する形式に設定しておき、入力ミスを未然に防ぎたい

形式を選択して貼り付け
☐ 表の構成を大幅に変更してつくりなおしたい
　（行と列を変更して貼り付け）
☐ 複数のセルを部分的に修正して、いっぺんに貼り付けたい
　（空白セルを無視して貼り付け）

営業戦略や販売戦略を立てるときなど、「あらゆるパターンをシミュレーションする」という機会は多くあると思います。そういったときには「シナリオ」機能が大活躍してくれることでしょう。

それでは、そのシナリオから順番に解説していきます。

似たようなファイルをいくつも作成していた作業を「シナリオ」機能で置き換える

「今月いくらの売上を上げれば半期の目標を達成できるか」とか、「前年比 20% プラスの利益を出すにはコストをどれくらいに抑えればいいか」など、未来を予測することは実務でよくあることです。

そういうシミュレーションにあたっては、いくつかのパターンを策定して、具体的な施策に落とし込むことになると思いますが、それぞれのパターンを数値で表す際に、シートの一部のみを変更した Excel ファイルをいくつもつくって管理しているケースがあります。

このようなときに、Excel の**「シナリオ」**機能を使えば、たくさんのファイルをつくらなくても、変更される可能性がある値のみ、シナリオとして登録しておき、シナリオを切り替えることによって、1シートだけでさまざまなパターンを表示させることが可能になります。

たとえば、[図 77]のように、製品別の売上がまとめられているシートがあるとします。今月（3月）の売上がこのままだと、前年実績を割り込みそうなので、新しい施策を具体化する必要があります。

	1月 実績	1月 前年実績	差	2月 実績	2月 前年実績	差	3月 実績予測	3月 前年実績	差	1Q計 実績	1Q計 前年実績	差
製品A	124,969	124,411	558	126,924	126,582	342	127,309	129,540	-2,231	379,202	380,533	-1,331
製品B	2,294	2,112	182	2,294	2,113	181	2,294	2,117	177	6,882	6,342	540
製品C	9,254	8,356	898	10,163	8,231	1,932	9,118	8,441	677	28,535	25,028	3,507
製品D	14,663	14,967	-304	14,946	14,706	240	14,946	18,993	-4,047	44,555	48,666	-4,111
製品E	16,656	16,262	394	16,815	16,610	205	16,976	17,150	-174	50,447	50,022	425
製品F	260	160	100	250	2,529	-2,279	2,620	84	2,536	3,130	2,773	357
製品G	2,200	970	1,230	3,110	1,888	1,222	3,560	765	2,795	8,870	3,623	5,247
製品H	4,600	4,600	0	4,600	4,600	0	4,600	4,600	0	13,800	13,800	0
製品I	584	583	1	584	583	1	584	583	1	1,752	1,749	3
売上計	175,480	172,421	3,059	179,686	177,842	1,844	182,007	182,273	-266	537,173	532,536	4,637

[図77] ダウンロード

ところが、時間的な制約やコストの観点からも、考えられるすべての施策を実施することはできないため、「○○までできれば○○程度まで売上を伸ばせそうだ」というシミュレーションを、いくつかのパターンに分けて会議で提示しようとしています。

- シナリオ1．前年との差が大きい製品Dの販売に注力するパターン
- シナリオ2．製品AとDに分散して販促をかけるパターン
- シナリオ3．絶対額が小さい製品Iの売上を伸ばすパターン

以上3つのシナリオについて、切り替えて提示できるように「シナリオ」機能を用いてやってみたいと思います。

その際の注意事項ですが、シナリオで置き換えられた数値は元に戻らないので、まず最初に元の値をシナリオ登録しておくことを忘れないようにしてください。

まずはその「元の値のシナリオ登録」の手順を解説していきます。

手順1 ［データ］タブ→［What-If分析］→［シナリオの登録と管理］の順にクリックします。

手順2 ［シナリオの登録と管理］ダイアログボックスで、［追加］をクリックします。

手順3 ［シナリオの追加］ダイアログボックスで、まずは元の値を登録します。「シナリオ名」に「当初のパターン」と入力して、「変化させるセル」には、Ctrl を押しながら、製品 A、D、I の 3 月売上に該当するセルをクリックします。完了したら［OK］をクリックします。

手順4 ［シナリオの値］ダイアログボックスには、最初から現在のセルの値がそれぞれに入っているので、そのまま［追加］をクリックします。

これで、いつでも元に戻せるようになりましたので、安心して３つのシナリオを登録していきましょう。

手順1 まず１つめのシナリオ、「製品Ｄの販売に注力するパターン」を登録します。［シナリオの追加］ダイアログボックスが表示されていると思いますので、「シナリオ名」に「製品Ｄ注力パターン」と入力して［OK］ボタンをクリックします。

手順2 ［シナリオの値］ダイアログボックスで、上から「123500」「20000」「584」と入力して［追加］ボタンをクリックします。（製品Dに注力するので、製品Aの売上予測を若干下げています。）

シナリオの値	
変化させるセルの値を入力してください。	
1(1): $H$3	123500
2(2): $H$6	20000
3(3): $H$11	584
追加(A)	OK　キャンセル

手順3 同様の手順で、「製品A・Dバランスパターン」「製品I注力パターン」も登録します。次の画面を参考に数値を入力してください。完了したら［OK］ボタンをクリックします。

● シナリオ名「製品A・Dバランスパターン」

シナリオの値	
変化させるセルの値を入力してください。	
1(1): $H$3	127000
2(2): $H$6	17000
3(3): $H$11	584
追加(A)	OK　キャンセル

● シナリオ名「製品I注力パターン」

シナリオの値	
変化させるセルの値を入力してください。	
1(1): $H$3	127309
2(2): $H$6	14000
3(3): $H$11	1200
追加(A)	OK　キャンセル

これで、シナリオの登録は完了です。
　きちんと反映されるか確認してみましょう。［シナリオの登録と管理］ダイアログボックスが表示されていると思いますので、［製品D注力パターン］を選択して［表示］ボタンをクリックしてみてください。

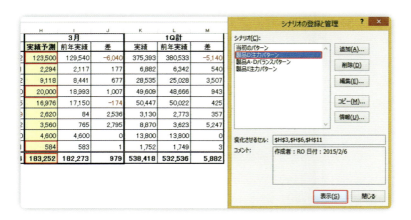

　登録した通り、H3セル（製品A）に「123,500」、H6セル（製品D）に「20,000」、H11セル（製品I）に「584」と入り、それに伴い合計も変化しましたね。

　「製品A・Dバランスパターン」と「製品I注力パターン」も同様に確認してみてください。

　登録したシナリオを修正したいときは、［編集］ボタンをクリックすれば変更できます。元に戻したいときは［当初のパターン］を選択して［表示］をクリックでOKです。

　これで、4種類のファイルを別々につくって管理する必要はなくなりましたね。

複数のセルの値を色々と変化させてシミュレーションを行いたいような場合は、このシナリオ機能で事前に各パターンを登録しておき、後で再現できるようにしておくと便利です。

シナリオのまとめ

- シナリオとは、複数のセルの値を変化させて結果をシミュレーションできる機能
- 複数のセルの値を変化させて分析したいときは、事前に各パターンを登録しておく
- シナリオ機能を使えば、似たようなファイルをいくつも作成する必要がなくなる

3 「入力規則」を使って入力ミスが起きにくい方法に置き換える

　たとえば、［図40］（P86）のようなシートでは、A2セルとB2セルに、シート作成者が想定しているテキストが入力されなければ、うまく運賃を計算することができませんね。

	A	B	C	D	E	F
1	東京駅からの行先	区分	運賃		■東京駅からの運賃(大人)	
2	大阪	子供			行先	運賃
3					名古屋	10,000
4					京都	13,000
5					大阪	14,000
6						
7					■東京駅からの運賃(子供)	
8					行先	運賃
9					名古屋	5,500
10					京都	6,500
11					大阪	7,500
12						

［図40再掲］

　入力する側では、A2セルに「大坂」（「阪」という漢字が違う）と入力したり、「福岡」（行先表に存在しない）と入力したりするかも知れませんし、B2セルに「子ども」（「ども」がひらがな）と入力してしまうかも知れません。

　このような入力ミスでうまく結果が出ないと、原因探しに時間がかかってしまいます。また、そもそも手で入力するよりも、**「リスト」**から選択できるようにしておいた方が入力の手間も省けて一石二鳥です。

　それでは、そのリスト作成の方法を、手順を追って解説していきます。まず、A2セル「行先」のリスト化です。

手順1 A2 セルを選択し、[データ] タブ→[データの入力規則] をクリックします。

手順2 [データの入力規則] ダイアログボックスが表示されるので、[設定] タブの「入力値の種類」で [リスト] を選択します。「元の値」の空白をクリックして、運賃表の行先が記載されているセル範囲 E3:E5 を選択して [OK] をクリックします。

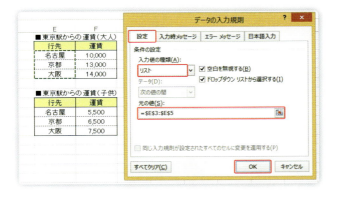

これで、A2 セル「行先」を、ドロップダウンリストから選択する形式で入力できるようになりました。

簡単でしたね。別のシートにリストの元データが存在する場合でも同様の方法でリスト化できますので（※）、入力項目がたくさんある場合などは、別シートにリスト元データのマスターをひとまとめにしておいて、そこから「元の値」を持ってくるようにするといいと思います。

次は、リスト元のデータが存在しない場合の方法です。［図40］のB2セル「区分」を入れる欄は、「大人」か「子供」というデータを入れないと正しく計算されませんが、その２つのデータがまとまっているセル範囲がどこにも存在しません。

その場合は、入力規則の「元の値」に直接入力することもできます。手順を追って確認していきましょう。

手順1 B2セルを選択し、［データ］タブ→［データの入力規則］をクリックします。

手順2 ［データの入力規則］ダイアログボックスが表示されるので、［設定］タブの「入力値の種類」で［リスト］を選択します。「元の値」の空白をクリックして、「大人，子供」と項目をカンマで区切って入力して［OK］をクリックします。

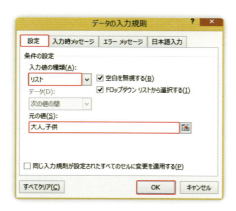

これで、B2セル「区分」についても、ドロップダウンリストから選択する形式で入力できるようになりました。

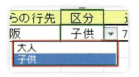

　以上で、入力規則を使ったリストの解説は終了ですが、最後に注意点があります。

　前述の（※）の箇所で、「別のシートにリストの元データが存在する場合でも同様の方法でリスト化できます」という説明をしましたが、これができるようになったのはExcel 2010からです。

　では、それ以前のバージョンではどうしていたかということですが、別シートにリスト元のデータがある場合は、そのリストの範囲に名前を付け、その名前を「元の値」に入れる方法を使っていました。

　たとえば、別のシートに存在するリストのセル範囲に「マスター」と名前を付け、

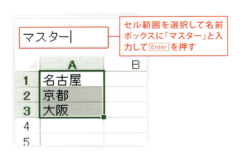

［データの入力規則］ダイアログボックスで、［設定］タブの「元の値」の空白をクリックして、「＝マスター」と入力して［OK］ボタンをクリックする、という方法です。

　Excel 2007 以前のバージョンとの互換性を担保する必要がある場合には、こちらの方法でリスト化するようにしてください。

> **入力規則のまとめ**
> - 入力規則とは、セルに入力するデータや値の種類を制限できる機能
> - 入力規則を使うと、リストから選択形式で入力する設定も簡単にできる
> - 旧バージョンとの互換性を担保する場合は、リストのセル範囲に名前を付け、その名前を使ってリスト化する

「形式を選択して貼り付け」機能で
セルの場所変更をコピペに置き換える

データのコピペは実務でも頻繁に出てきます。ここでは、こんなコピペもできるんですよ、という事例をいくつか示したいと思います。

<u>「形式を選択して貼り付け」</u>機能を使ってさまざまなパターンで貼り付けができるので、みなさんのExcel業務におけるヒントになれば幸いです。

(1) 行列を入れ替えてコピーする

読んで字のごとく、表の行と列を入れ替えてコピペ先に持っていける機能です。

[図16]（P59）で使った、次の価格表の行と列を入れ替える手順を追っていきたいと思います。

D	E
メニュー	価格
生ビール	700
焼酎	800
日本酒	600

手順1 コピーしたいセル範囲 D1:E4 を選択して、［ホーム］タブのコピーボタンをクリックします。

手順2 コピー先のセル（ここでは D6 セルとします）を選択して、［ホーム］タブ→［貼り付け］の下の［▼］→［形式を選択して貼り付け］をクリックします。

手順3 ［形式を選択して貼り付け］ダイアログボックスの右下にある［行列を入れ替える］にチェックを入れて［OK］をクリックします。

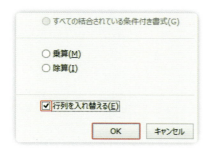

次のように、行と列が入れ替わって貼り付けられます。

メニュー	価格
生ビール	700
焼酎	800
日本酒	600

メニュー	生ビール	焼酎	日本酒
価格	700	800	600

表の構成を大きく変更したい場合に便利です。

(2)空白セルを無視し
それ以外のデータのみを上書きコピーする

貼り付ける際に「空白セルを無視する」という方法があるのですが、何がどうなるのかイメージが難しいですよね。どのようになるのか、実際にやってみましょう。

[図78] のような構成の表はよく見かけますよね。たとえば、この表を1列にまとめたいときは（番号の列を合わせると2列ですが）あなたなら、どのようにしますか？

	A	B	C	D
1	Ⅰ	削除(Eliminate)	1	VLOOKUP関数
2			2	マクロ
3			3	ゴールシーク
4			4	クリップボード
5	Ⅱ	結合(Combine)	1	ピボットテーブル
6			2	条件付き書式
7			3	オートフィル
8	Ⅲ	置換(Rearrangement)	1	シナリオ
9			2	入力規則
10				

[図78] ダウンロード

この例では項目は３つしかありませんので、一つひとつ手動で、挿入してコピペしていけばできますが、項目が100個あったらそういうわけにはいきませんね。「空白セルを無視する」方法を使えば、次のように簡単にできます。

手順1　コピペ先に空白を入れるために行を挿入します。Ctrlを押しながら、1、5、8行を行選択し、［ホーム］タブ→［挿入］の下の［▼］→［シートの行を挿入］をクリックします。

手順2　コピーしたい項目、セル範囲A2:B11を選択して［ホーム］タブのコピーボタンをクリックします。

手順3 貼り付け先となる C1 セルを選択して、［ホーム］タブ→［貼り付け］の下の［▼］→［形式を選択して貼り付け］をクリックします。［形式を選択して貼り付け］ダイアログボックスの［空白セルを無視する］にチェックを入れて［OK］をクリックします。

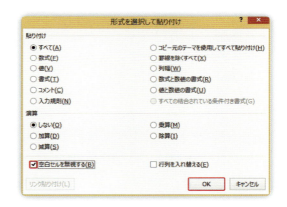

次のようになりましたか。

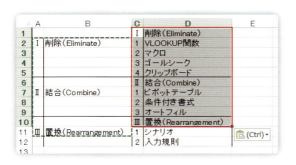

あとは、A列とB列を削除すればいいだけです。

　通常の「貼り付け」であれば、空白になっているセルであっても貼り付け先に「空白」として貼り付けられるため、元々あったデータは消えてしまいます。
　[空白セルを無視する]という機能を選択することによって、空白部分は無視されて貼り付けられず、元々あったデータがそのまま残ることになります。

　複数のセルを部分的に修正して、一気に貼り付けたいような場合に使い勝手が良くて便利です。

> **形式を選択して貼り付けのまとめ**
> - 「形式を選択して貼り付け」機能には多くの種類があるので業務に合わせて使い分ける
> - 「行列を入れ替える」を使えば、表の構成を大幅に変更してつくりなおせる
> - 「空白セルを無視する」を使えば、複数のセルを部分的に修正して一気に貼り付ける方法が使える

【S（簡素化）】あらゆる操作を簡素化する

　ここからは、ECRSの**「S（簡素化）」**にあてはまる機能をご紹介していきます。

　「S（簡素化）」は、ECRSの順番では最後にあたりますが、侮ってはいけません。とても簡単に、そして目に見えて効果を実感できる機能がたくさんありますので、しっかりと身につけておきましょう。

　ここでは、**「オートフィルタ」**、**「ショートカットキー」**、**「ボタン登録」**を解説します。

　次のようなときにおすすめな機能です。

> **オートフィルタ**
> ☐ 大量のデータから探したいデータをすばやく見つけたい
> **ショートカットキー**
> ☐ マウスを使わずにキーボードだけで迅速に操作したい
> **ボタン登録**
> ☐ よく使うボタンを押しやすい場所に配置して効率化を図りたい

　どれもとても簡単で、今すぐに実現できるものばかりです！

　それでは、「オートフィルタ」からいきたいと思います。

「オートフィルタ」を活用して "データ探し"を簡素化

　大量のデータから探したいデータを見つけるのは至難の業ですよね。そんなときに活躍してくれるのが、**「オートフィルタ」**という、同じ列にある項目を、指定した条件のものだけ絞り込んで表示する機能です。

　オートフィルタを使用するには、表内のセルを選択して、［ホーム］タブ→［並べ替えとフィルター］→［フィルター］をクリックします。

　表の各項目名の右隣に［▼］が現れましたね。これを使ってデータを抽出していきます。

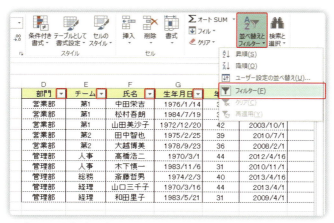

［図33再掲］（P74）

　たとえば、上の表において、年齢が若い５名を抽出してみましょう。

手順1　「年齢」の右隣の［▼］をクリックして、［数値フィルター］→［トップテン］を選択します。

手順2　［トップテン オートフィルター］ダイアログボックスで、［下位］［5］［項目］となるようにドロップダウンリストから選択して［OK］をクリックします。

年齢が若い5名分のデータを抽出できました。

D	E	F	G	H	I	J
部門	チーム	氏名	生年月日	年齢	入社年月日	住所
営業部	第1	中田栄吉	1976/1/14	38	2005/1/16	
営業部	第1	松村吾朗	1984/7/19	30	2011/3/16	
営業部	第2	大越博美	1978/9/23	36	2008/2/1	
管理部	人事	木下慎一	1983/11/6	31	2010/11/1	
管理部	経理	和田里子	1983/5/21	31	2009/4/1	

さらに、この中から管理部の人だけ抽出してみます。

手順3 「部門」の右隣の［▼］をクリックして、［管理部］だけにチェックが入った状態にして［OK］をクリックしてください。

次のように、年齢が若い5名を抽出して、その中から管理部に所属する人だけを抽出できました。

このように、オートフィルタを利用すれば、大量のデータから条件にマッチしたデータだけを取り出して分析することが容易にできます。

検索ボックスを使えば、3章で説明したワイルドカード「*」や「?」（P74〜75参照）を使って検索することも可能ですので、いろいろと試してみてください。

元に戻したいときは、［ホーム］タブ→［並べ替えとフィルター］→［クリア］をクリックすれば、適用されていたオートフィルタがすべてクリアされます。

> **オートフィルタのまとめ**
> - 「オートフィルタ」とは、同じ列にある項目を指定した条件で絞り込む機能
> - ［ホーム］タブ→［並べ替えとフィルター］から実行する
> - ワイルドカードも使えるので、大量のデータ検索にはこれを利用する

ショートカットキーを覚えて マウス操作を簡素化

「マウスでできるものをわざわざキー操作でやる意味があるのか？」と思う方もおられるかも知れません。

たしかに、マウスカーソルでコピーボタンをクリックするのと、キーボードから Ctrl ＋ C と1回打つのとでは、たいして時間は変わりません。

何度も繰返す操作は、1回あたりの時間を1秒短縮するだけでも全体では大きな効率化につながります。しかも、ショートカットキーの出番は、1章の［図1］（P36）で考えた標準モデルのすべてのプロセスに出てくるオールマイティな機能なのです。

［図1再掲］

もし、あなたの周りに Excel の上手な方がいる場合はその動きを見てみてください。おそらく、マウスを動かしているよりも、キーボードで操作している回数の方が多いのではないかと思います。

　意外と軽視はできないものとご理解いただけたと思いますが、一言で「ショートカットキー」と言ってもたくさんあるのですべてを覚えることは不可能です。そこで、実際の**ビジネスシーンで役に立つショートカットキーを 30 個厳選**してご紹介します。

　頭で覚えるというよりも、実際に使う中で自然に覚えていくのが 1番いいと思いますので、ザッと確認して、あなたの Excel 業務においてよく使いそうなものから順に、使いながら身につけていってください。

ショートカットキー	機能
1. Ctrl + 1	[セルの書式設定] ダイアログボックスを表示
2. Ctrl + 9	行の非表示
3. Ctrl + 0 (ゼロ)	列の非表示
4. Ctrl + − (マイナス)	選択したセル、または行・列を削除
5. Ctrl + Shift + ; (セミコロン)	選択したセル、または行・列を挿入
6. Ctrl + A	すべて選択
7. Ctrl + C	コピー
8. Ctrl + X	切り取り

8章 「ちょっとしたこと」でも効果てき面　今すぐできる即効ワザ

9. Ctrl + V	ペースト(貼り付け)
10. Ctrl + D	1つ上のセルをコピペ
11. Ctrl + R	1つ左のセルをコピペ
12. Ctrl + U	アンダーラインを引く
13. Ctrl + F	[検索と置換]ダイアログボックスの[検索]を表示
14. Ctrl + H	[検索と置換]ダイアログボックスの[置換]を表示
15. Ctrl + G	[ジャンプ]([セル選択]から任意のセルに移動)ダイアログボックスを表示
16. Ctrl + Y	直前操作の繰返し
17. Ctrl + Z	直前操作を元に戻す
18. Ctrl + F1	リボンの表示・非表示の切り替え
19. Ctrl + Shift + U	数式バーの拡大(再度押すと元に戻る)
20. Shift + F2	コメントの挿入
21. Shift + F8	その後クリックしたセルがすべて選択状態になる (再度押すと解除)
22. Shift + F10	右クリックのメニューを表示
23. F4	・相対参照と絶対参照の切り替え($マーク) ・直前の操作の繰返し
24. Alt	リボンのメニューをキーボードで操作できるようになる

25. Alt + F11	Visual Basic Editorの起動
26. Alt + Enter	セル内の任意の位置で改行
27. Ctrl + Shift + L	オートフィルタ（再度押すと元に戻る）
28. ⊞ + D （Windowsキー）	デスクトップ画面の表示（再度押すと元に戻る）
29. Ctrl + Page Up	シートのタブを右から左に順番に切り替える
30. Ctrl + Page Down	シートのタブを左から右に順番に切り替える

※環境や設定によっては使えない場合があります。

ショートカットキーのまとめ

- マウスよりショートカットキーを使う方が迅速に操作できる
- ショートカットキーはたくさんあるので、日頃の業務でよく使うものから身につけていく

よく使うボタンを登録して
機能の呼び出しを簡素化

　日頃の業務でよく使う機能だけをワンセットにして自分専用のリボンをつくったり、「クイック アクセス ツールバー」に登録しておいたりすると便利です。

　ここでは、その登録のしかたを解説します。

（１）クイック アクセス ツールバーに登録する

「クイック アクセス ツールバー」というのは、次の図の四角で囲った部分のことを言います。メニューにチェックを付けるだけで追加されるのですが、ここに無いコマンドも追加できますので、次の手順を追っていっしょにやってみてください。

手順1　画面左上のクイック アクセス ツールバーの右端の［▼］をクリックし、［その他のコマンド］をクリックします。
（［ファイル］→［オプション］→［クイック アクセス ツールバー］から開くこともできます。）

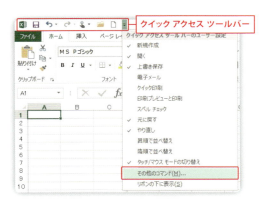

手順2 ［Excelのオプション］ダイアログボックスの、左側のリストから追加したいコマンドを選択し、［追加］をクリックします。（ここでは、フォントサイズの拡大と縮小を追加してみます。）

手順3 右側のリストに追加されていることを確認したら［OK］ボタンをクリックします。

次のように、クイック アクセス ツールバーに追加されれば OK です。

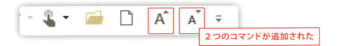

（2）自分専用のリボンを作成する

今度はリボンの新規作成方法です。

先ほどと同じコマンド、［フォントサイズの拡大］と［フォントサイズの縮小］を、「マイリボン」というリボンの「よく使うもの」というグループに登録します。

手順1 P236 の **手順1** の要領で［Excel のオプション］ダイアログボックスを表示します。［リボンのユーザー設定］をクリックし、［新しいタブ］をクリックします。

手順2 ［新しいタブ（ユーザー設定）］を選択して［名前の変更］をクリックします。［名前の変更］ダイアログボックスで「マイリボン」という名称を入力して［OK］をクリックします。

手順3 そのまま［新しいグループ（ユーザー設定）］を選択して［名前の変更］をクリックします。［名前の変更］ダイアログボックスで「よく使うもの」という名称を入力して［OK］をクリックします。（アイコンは特に選択する必要はありません。）

手順4 左側のリストから、［フォントサイズの拡大］を選択して［追加］をクリックします。続いて、［フォントサイズの縮小］を選択して［追加］をクリックします。右側のリストに追加されていることを確認したら［OK］ボタンをクリックします。

　次のように、［マイリボン］タブに［よく使うもの］グループができ、その中に［フォントサイズの拡大］と［フォントサイズの縮小］が入っていたら完成です。

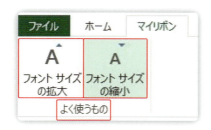

> **ボタン登録のまとめ**
>
> - よく使うボタンをクイック アクセス ツールバーに追加しておくとタブを切り替える手間が省ける
> - よく使うボタンを自分専用のリボンにまとめて格納しておけば、探す必要がなくなる

　この章では、「R（置換）」と「S（簡素化）」につながる Excel テクニックについて解説してきました。

　ECRS の並びでは後半に位置付けられていますが、ここで取り上げた機能は Excel 業務において欠かせないものばかりです。

　作成した表には常にオートフィルタを適用しておくとか、邪魔にならない程度にクイック アクセス ツールバーにボタンを並べておくなど、ちょっとした工夫をするだけでもより効率的に使えるようになりますので、ぜひ実際の業務でお使いください。

おわりに

　本書では、「転記撲滅」を大きなテーマとしましたが、転記自体が悪者というわけではありません。なぜなら、デスクワークの本質は、ビジネスに関するリアルな情報をデータの形に変えて、次の活動に使いやすくするために移転、追加、削除してまとめることだからです。そのためには情報を移転する「転記作業」というのは本質的な業務の1つであり、欠かすことはできないものです。

　しかし、だからと言って、多くの時間をかけて力ワザでその仕事をこなしていていいということにはなりません。

　「紙」が中心だった時代には、朝早く出社して夜遅くまで一生懸命力ワザで作業する人が成果を上げていました。労働集約的な仕事は"量"が質を担保し、それがアウトプットにつながっていたからです。

　ところが、今の主役は「紙」ではなく、「電子データ」です。特にデスクワークにおいては、労働集約的な仕事より、知識集約的な仕事の方がメインになっていることは言うまでもありませんね。

　そうなってくると、以前は朝早く出社して夜遅くまでかかってやっていた作業と同じアウトプットが10秒でできる、なんていうことが日常茶飯事になってきます。気合いと根性だけで成果が上がっていた時代は終わっているのです。

　どうも日本人は、根性とかマインドとか、気持ちの話が大好きです。何をやっても、失敗したら「そんなマインドだからうまくいかないんだ。気合いが足りない！」なんて怒られたりします。

「気合いを入れるなんて無理ですよ…」なんて言おうものなら、「成功者は無理とか言わないんだ。そもそもそこからして成功者マインドが足りない！」と、返されてしまいますね。

しかし私は、マインドは二の次でいいと思っています。

たしかに、立派なマインドを醸成すれば成功に近づくでしょう。ですので、その重要性を否定するわけではありません。ですが、「錦織圭の不屈のポジティブマインドを今すぐあなたも真似しなさい」と言われてできますでしょうか？

私には無理です。
（「無理とか言うな」って怒られますかね…）

マインドを変えるということは、長年培ってきた価値観や考え方を変えるということです。一朝一夕にはいかないのが当然です。今の世の中、スピードが大切です。マインドにばかりフォーカスしていたら間に合わなくなってしまいます。

それでは何にフォーカスすればいいのでしょうか。

それは**「行動」**です。

マインドがなぜ大事かと言うと、立派なマインドを醸成すれば、それに伴って適切な行動をとれるようになり、その行動が成功に結びつくからです。結果に直接作用するのは「行動」なのです。

極端な例を挙げると、たとえば営業部門に配属されたあまりやる気の無い新人がテレアポすることになったとします。

「お前は新人なんだから誰よりも朝早くきて電話をかけまくって誰よりも遅く帰るくらいまでがんばれ！」と、体育会系の上司は言うかも知れません。

そうやって"営業マインド"（？）を育てていくのも1つの方法かも知れません。ただ、その新人さんはさらにやる気を失って辞めてしまうかも知れませんが…。

一方、もっとも成果を上げている部員の行動パターンをできる範囲でその新人に教えてあげる、という方法もあります。
「落ち着いた口調で、少しテンション高めにまずはこのセリフを話しなさい。お客さんがこう言ってきたらこのように答え、こう言ってきたらこのように答えるんですよ。その他の返事だった場合は…」と、教えてあげるやり方です。

モデルとなったトップ部員が100件中20件のアポに成功し、そのうち5件成約しているとしたら、この新人もそれより少し低い確率で成約するでしょう。世の中は確率で動いていますので、もし100件電話をかけて1件成約できたのなら、同じ方法で500件電話すれば5件成約します。そうなって初めて、この新人さんは仕事の楽しさに気づき、モチベーションがアップし、自ら"営業マインド"を身につけたいと思うのではないでしょうか？

ですので、「マインド」は二の次。まずは「行動」です。

そして、知識（知っていること）を、適切に行動化できるノウハウを「スキル」と言います。成果を上げるためには、この「スキル」が必要です。

スキルは、気合いを入れて遅くまで会社にいても身につきません。現状の"非効率性"の原因を把握し、どうしたら少しでもラクにできるようになるかを考えることが大切です。考えてトライして、さらにいい方法を考えて…、という行動の繰返しがノウハウとして蓄積されます。

　根性を発揮して徹夜でがんばって入力し続けるより、5分立ち止まって考えた方がいい結果を導くことが往々にしてあるということです。

　その、考える際の視点と、今やデスクワークの主役となった Excel を実務にうまく活用するためのコツについて、ECRS の原則を軸として解説してきました。このフレームワークは、4つの視点だけでなく、その検討順序も提供してくれています。すなわち、まずは「E」の視点で思い切ってやめられないか、というところから検討を開始し、実現可能性として困難な場合には、次に「C」、「R」、「S」の順でアイデアを考えることで、より実効性の高い改善が見込めることになります。

　ECRS の考え方は、もともと製造現場の生産性向上のために使われていましたが、一般的な事務作業の改善にも、Excel 業務の改善にも十分応用できるものです。本書でご紹介した Excel 作業への適用でコツを把握し、広い視野でご自身のデスクワークに展開し、有意義な改善行動につなげていただければと思います。

　最後になりましたが、本書の執筆にあたり、ご支援をいただいた株式会社インプレスの本田拓也氏に、この場をお借りしてお礼を申し上げます。ありがとうございました。

2015 年 2 月　奥谷隆一

著者プロフィール

奥谷隆一

1970年生まれ。京都市出身。神戸大学経済学部卒業後、大手コンサルティングファームに入社。クライアント先の外資系企業で、Excelを利用したシステムを構築・運用するプロジェクトに従事したことをきっかけに、現在まで20年以上にわたりExcelを活用した業務の効率化を推進。さまざまな業種・規模の企業で人事部長職を歴任し、職場だけでなく、ブログやメールマガジンを通じて「ビジネス・エクセラー」として実務で効率的にExcelを活用する方法をアドバイスしてきた経験を持つ。関連著書3冊。ビジネス書の要素をExcel書に取り込んだ「ビジ・セル書」の分野を開拓し、より実践的で生産性を飛躍的に伸ばすExcel術の普及を促進。現在は業務効率化コンサルタントとして、人事コンサル・輸出入・投資関連事業など、さまざまなビジネス領域にExcelのスキルを幅広く応用。株式会社SLT・合同会社プリブリッジの代表を務める。http://ameblo.jp/exceler/

【STAFF】
カバー／表紙デザイン
萩原弦一郎、橋本雪 (株式会社デジカル)

本文デザイン／DTP
玉造能之、梶川元貴 (株式会社デジカル)

イラスト
ケン・サイトー

編集
本田拓也
デスク
山内悠之
編集長
石坂康夫

■本書の内容に関するご質問は、書名・ISBN（奥付ページに記載）・お名前・電話番号と、該当するページや具体的な質問内容、お使いの動作環境などを明記のうえ、インプレスカスタマーセンターまでメールまたは封書にてお問い合わせください。なお、本書発行後に仕様が変更されたハードウェア、ソフトウェア、サービスの内容等に関するご質問にはお答えできない場合があります。また、以下のご質問にはお答えできませんのでご了承ください。
・書籍に掲載している手順以外のご質問
・ハードウェア、ソフトウェア、サービス自体の不具合に関するご質問
・インターネットや電子メール、固有のデータ作成方法に関するご質問

■落丁・乱丁本はお手数ですがインプレスカスタマーセンターまでお送りください。送料は弊社負担にてお取り替えさせていただきます。但し、古書店で購入されたものについてはお取り替えできません。

■読者様のお問い合わせ先
インプレスカスタマーセンター
〒101-0051 東京都千代田区神田神保町一丁目105番地
TEL 03-6837-5016　FAX 03-6837-5023
E-mail info@impress.co.jp

わずか5分で成果を上げる
実務直結のExcel術

2015年3月11日　初版第1刷発行

著　者　奥谷隆一
発行人　土田米一
発行所　株式会社インプレス
　　　　〒101-0051 東京都千代田区神田神保町一丁目105番地
　　　　TEL　03-6837-4635
　　　　ホームページ　http://book.impress.co.jp/

本書は著作権法上の保護を受けています。本書の一部あるいは全部について、著作権者および株式会社インプレスからの文書による許諾を得ずに、いかなる方法においても無断で複写、複製することは禁じられています。

Copyright © 2015 Ryuichi Okutani. All rights reserved.

印刷所　日経印刷株式会社
ISBN:978-4-8443-3766-9
Printed in Japan